U0192842

国家出版基金项目
NATIONAL PUBLICATION FOUNDATION

智能电网技术与装备丛书

高比例可再生能源电力系统专题

电力系统高比例可再生能源发展路径

Roadmap of Power Systems with High Share Renewable Energy Generations

鲁宗相　伍声宇　黎静华　著

科学出版社

北　京

内 容 简 介

本书聚焦于未来高比例可再生能源场景下电力系统的发展路径及其关键技术，内容包括高比例可再生能源驱动的电网形态演变、含高比例分布式电源的配电网优化控制、高比例可再生能源电力预测理论与方法等内容，全面介绍了未来电力系统发展路径中的关键技术问题。

本书可作为从事电力系统规划、运行和新能源并网研究与管理的研究人员和工程技术人员的参考书。

图书在版编目(CIP)数据

电力系统高比例可再生能源发展路径= Roadmap of Power Systems with High Share Renewable Energy Generations / 鲁宗相，伍声宇，黎静华著. —北京：科学出版社，2022.12

(智能电网技术与装备丛书)

国家出版基金项目

ISBN 978-7-03-074164-6

Ⅰ. ①电… Ⅱ. ①鲁… ②伍… ③黎… Ⅲ. ①电力系统-再生能源-发展-研究 Ⅳ. ①TM7②TK01

中国版本图书馆CIP数据核字(2022)第235951号

责任编辑：范运年 王楠楠 / 责任校对：王萌萌
责任印制：师艳茹 / 封面设计：赫 健

科学出版社 出版
北京东黄城根北街 16 号
邮政编码：100717
http://www.sciencep.com

三河市春园印刷有限公司 印刷
科学出版社发行 各地新华书店经销

*

2022 年 12 月第 一 版 开本：720 × 1000 1/16
2022 年 12 月第一次印刷 印张：14 1/4
字数：284 000

定价：116.00 元
(如有印装质量问题，我社负责调换)

"智能电网技术与装备丛书"编委会

顾问委员：周孝信　余贻鑫　程时杰　陈维江

主任委员：刘建明

编委会委员：

陈海生(中国科学院工程热物理研究所)

崔　翔(华北电力大学)

董旭柱(武汉大学)

何正友(西南交通大学)

江秀臣(上海交通大学)

荆　勇(南方电网科学研究院有限责任公司)

来小康(中国电力科学院有限公司)

李　泓(中国科学院物理研究所)

李崇坚(中国电工技术学会)

李国锋(大连理工大学)

卢志刚(燕山大学)

闵　勇(清华大学)

饶　宏(南方电网科学研究院有限责任公司)

石　岩(国家电网公司经济技术研究院有限公司)

王成山(天津大学)

韦　巍(浙江大学城市学院)

肖立业(中国科学院电工研究所)

袁小明(华中科技大学)

曾　鹏(中国科学院沈阳自动化研究所)

周豪慎(南京大学)

"智能电网技术与装备丛书"序

  国家重点研发计划由原来的"国家重点基础研究发展计划"(973 计划)、"国家高技术研究发展计划"(863 计划)、国家科技支撑计划、国际科技合作与交流专项、产业技术研究与开发基金和公益性行业科研专项等整合而成，是针对事关国计民生的重大社会公益性研究的计划。国家重点研发计划事关产业核心竞争力、整体自主创新能力和国家安全的战略性、基础性、前瞻性重大科学问题、重大共性关键技术和产品，为我国国民经济和社会发展主要领域提供持续性的支撑和引领。

  "智能电网技术与装备"重点专项是国家重点研发计划第一批启动的重点专项，是国家创新驱动发展战略的重要组成部分。该专项通过各项目的实施和研究，持续推动智能电网领域技术创新，支撑能源结构清洁化转型和能源消费革命。该专项从基础研究、重大共性关键技术研究到典型应用示范，全链条创新设计、一体化组织实施，实现智能电网关键装备国产化。

  "十三五"期间，智能电网专项重点研究大规模可再生能源并网消纳、大电网柔性互联、大规模用户供需互动用电、多能源互补的分布式供能与微网等关键技术，并对智能电网涉及的大规模长寿命低成本储能、高压大功率电力电子器件、先进电工材料以及能源互联网理论等基础理论与材料等开展基础研究，专项还部署了部分重大示范工程。"十三五"期间专项任务部署中基础理论研究项目占 24%；共性关键技术项目占 54%；应用示范任务项目占 22%。

  "智能电网技术与装备"重点专项实施总体进展顺利，突破了一批事关产业核心竞争力的重大共性关键技术，研发了一批具有整体自主创新能力的装备，形成了一批应用示范带动和世界领先的技术成果。预期通过专项实施，可显著提升我国智能电网技术和装备的水平。

  基于加强推广专项成果的良好愿景，工业和信息化部产业发展促进中心与科学出版社联合策划出版以智能电网专项优秀科技成果为基础的"智能电网技术与装备丛书"，丛书为承担重点专项的各位专家和工作人员提供一个展示的平台。出版著作是一个非常艰苦的过程，耗人、耗时，通常是几年磨一剑，在此感谢承担"智能电网技术与装备"重点专项的所有参与人员和为丛书出版做出贡献的作者和工作人员。我们期望将这套丛书做成智能电网领域权威的出版物!

我相信这套丛书的出版,将是我国智能电网领域技术发展的重要标志,不仅能供更多的电力行业从业人员学习和借鉴,也能促使更多的读者了解我国智能电网技术的发展和成就,共同推动我国智能电网领域的进步和发展。

2019 年 8 月 30 日

前　言

大力发展以风光电源为主的可再生能源已成为当前全球推动电力系统清洁化转型的关键途径,世界各国和组织相继提出了高比例可再生能源的发展目标并提出相应的电网发展路径,如美国的能源转型白皮书《加速可再生能源和天然气发电增长,及时有效应对气候变化》、欧盟的《能源路线图 2050》以及中国的《"十三五"国家科技创新规划》等都对电力系统的清洁化发展路径进行了深入的研究并对可再生能源发展提出了更高的要求。以风电、光伏等可再生能源为主导的电力系统发展进程已不可逆转。

然而,在高比例可再生能源电力系统发展路径中,资源相依的可再生能源发电强随机波动特性及海量小容量单元汇聚接入形式将给电力系统结构与运行调控带来巨大挑战。在结构形态方面,可再生能源的低能量密度特性决定了其以小容量海量单元的形式汇集接入,将改变传统的大容量单机接入模式;在控制手段方面,海量广域分布式电源的实时运行状态难以准确获知,将给系统安全可靠运行带来困难;在运行调度方面,高比例可再生能源与常规负荷强耦合而成的广义负荷特性复杂,不确定性强,使其预测变得更加困难。为实现向未来高比例可再生能源形态的转变,电力系统在发展路径中将会面临诸多技术难题。

本书探索未来高比例可再生能源电力系统的发展路径,从形态演变、调控方式以及预测方法三个方面系统地阐述发展路径中的关键技术以及相关理论成果。

全书共分为 7 章。第 1 章阐述国内外电力能源现状,并对未来电力能源发展趋势以及相关研究动态进行阐述;第 2 章对未来高比例可再生能源驱动的电网形态进行研判,并提出计及可再生能源短尺度频率支撑的耦合平衡原理;第 3 章对可再生能源聚合等效频率支撑机理进行分析,构建兼容可再生能源多调节策略的网源规划模型;第 4 章分析含高比例分布式电源的配电网优化控制技术,并建立基于深度强化学习的配电网动态无功优化模型;第 5 章阐述未来电力的内涵与特征,并对多种影响广义负荷的关键因素进行分析;第 6 章对适用于高比例可再生能源电力系统的多种新能源电力预测方法进行分析;第 7 章建立面向多空间尺度的未来电力负荷预测理论体系,设计面向海量用户用电数据的集成负荷预测方法、数据与模型融合的短期负荷预测特征选择方法。

本书的撰写工作由鲁宗相牵头,清华大学、国网能源研究院有限公司、广西大学、上海交通大学、中国农业大学、华北电力大学等单位的多位教师、研究生和工程师参与了相关章节的撰写工作。

　　本书得到了国家重点研发计划项目"高比例可再生能源并网的电力系统规划与运行基础理论"（2016YFB0900100）的支持。课题团队的全体参研人员都对本书的撰写提供了理论成果支撑和辅助工作，在此一并致谢。

鲁宗相

2022 年 10 月 26 日

目　录

第1章　电力能源现状与未来发展分析

1.1　电力能源现状

1.1.1　国内电力能源现状

为了解决能源安全保障、生态环境保护、气候变化应对等可持续发展问题，加快开发利用可再生能源成为世界各国能源转型的普遍共识和一致行动，高比例可再生能源电力系统成为全球广泛关注的未来愿景。欧洲、美国和中国分别提出到 2050 年实现 100%、80% 和 60% 可再生能源电力系统蓝图。2020 年 9 月中国宣布碳排放力争于 2030 年前达到峰值，努力争取 2060 年前实现碳中和的目标。2020 年 12 月举行的气候雄心峰会上，中国宣布国家自主贡献(national determined contributions，NDC)一系列新举措，包括：到 2030 年，中国单位国内生产总值二氧化碳排放将比 2005 年下降 65% 以上，非化石能源占一次能源消费比重将达到 25% 左右，森林蓄积量将比 2005 年增加 60 亿 m^3，风电、太阳能发电总装机容量将达到 12 亿 kW 以上。

1. 装机容量和发电量

表 1-1、表 1-2 分别给出了 2020 年我国主要电源装机容量、发电量以及占比。截至 2020 年底，全国发电装机总容量达到 22.02 亿 kW，其中火电、水电、核电、风电、太阳能发电装机容量分别约为 12.5 亿 kW、3.7 亿 kW、4989 万 kW、2.8 亿 kW、2.5 亿 kW，水电、核电、风电、太阳能发电等非化石能源发电装机占比为 43.4%，风、光装机总容量超过 5.3 亿 kW。我国 2020 年全年发电量约 7.63 万亿 kW·h，非化石能源发电占比达 32.1%，风、光发电占比达 9.5%。煤电在我国电源结构中仍然占据主导地位，装机容量占比约为 50%，发电量占比约为 61%。

表 1-1　2020 年我国电源装机结构

电源类型	煤电	气电	生物质发电	水电	核电	风电	太阳能发电
装机容量/万 kW	107912	9972	2987	37028	4989	28165	25356
装机占比/%	49.0	4.5	1.3	16.8	2.3	12.8	11.5

表 1-2　2020 年我国电源发电量结构

电源类型	煤电	气电	水电	核电	风电	太阳能发电
发电量/(亿 kW·h)	46296	2525	13553	3662	4665	2611
发电占比/%	60.7	3.3	17.8	4.8	6.1	3.4

图 1-1 给出了 2015～2020 年我国电源装机容量、发电量的变化,并给出了同比增长率[1-3]。总体来看,2015～2020 年我国发电装机容量、发电量以每年 4.1%～9.6%的增速稳步增长。在 2020 年,受到新冠疫情的影响,我国发电量增速有所放缓,相比于 2019 年仅增长 4.1%,但装机容量增长却达到了 9.6%。

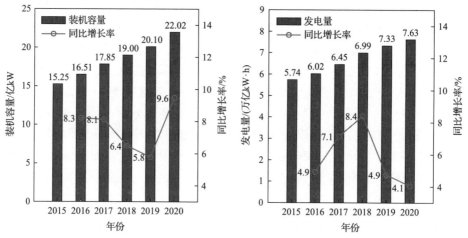

图 1-1　2015～2020 年全国电源装机容量、发电量以及同比增长率

图 1-2、图 1-3 分别给出了 2015～2020 年各类型电源的装机容量、发电量变

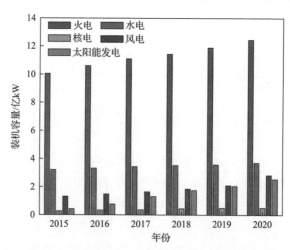

图 1-2　2015～2020 年全国各类型电源装机容量

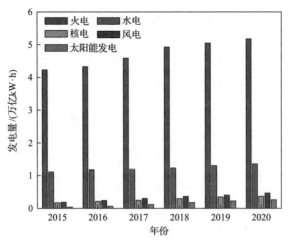

图 1-3　2015~2020 年全国各类型电源发电量

化趋势。可见，火电仍然在装机、发电结构中占据主导地位，稳中略有增长。水电位于我国电能来源的第二位，但装机容量、发电量增长较为迟缓。核电稳步发展，2015~2020 年连续 6 年为我国继火电、水电、风电后的第 4 大发电电源。风电、太阳能发电等波动性新能源近年来的装机容量、发电量增速明显。

2. 风光电源发展

由图 1-2 可见，2015~2020 年风电已经连续 6 年排在我国发电装机容量的第三位，太阳能装机容量排在第四位，风电、太阳能装机容量有在未来几年进一步快速发展并超过水电的趋势。图 1-4 给出了 2015~2020 年我国风光装机容量发展趋势。

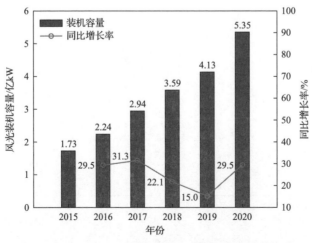

图 1-4　2015~2020 年全国风光装机容量以及同比增长率

由图 1-4 可见，2015～2020 年，我国风光装机容量发展迅速，风、光装机容量从 2015 年的 1.73 亿 kW 增长为 2020 年的 5.35 亿 kW，同比增长率为 15.0%～31.3%。在 2020 年，尽管受到新冠疫情的影响，风光企业装机并网的热情仍不减，风光装机容量相较于 2019 年增长 1.22 亿 kW，涨幅为 29.5%。为实现 2030 年风光装机容量达到 12 亿 kW 以上的战略目标，风光装机容量增长速度应不低于 6700 万 kW/年。

风电、太阳能装机容量占比发展趋势如图 1-5 所示，发电量占比发展趋势如图 1-6 所示。由图 1-5 可知，我国风电、太阳能总装机容量占比从 2015 年的 11.4% 增长为 2020 年的 24.3%，5 年来增幅超过一倍。近年来我国风电装机容量占比稳

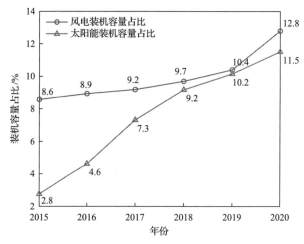

图 1-5 2015～2020 年全国风电、太阳能装机容量占比

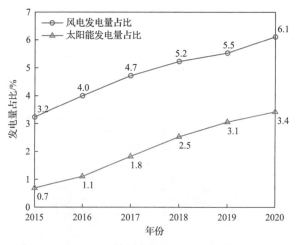

图 1-6 2015～2020 年全国风电、太阳能发电量占比

步增长,在 2019 年之前每年约增长 0.5 个百分点,2020 年风电装机容量占比突然增长了 2.4 个百分点;太阳能装机容量占比以每年 1～2 个百分点的速度增长;太阳能装机容量有在未来几年接近或超过风电的趋势。

由图 1-6 可知,我国风电、太阳能发电总量占比由 2015 年的 3.9%增长为 2020年的 9.5%,2020 年风电发电量占比为 6.1%,太阳能发电量占比为 3.4%。风电发电量占风、光总发电量的比例约为三分之二。

风光年利用小时数代表风、光装机容量转换为并网发电量的效率,是体现新能源装机布局是否合理、装机容量是否被充分利用的重要参数。图 1-7、图 1-8 分别给出了 2015～2020 年我国风电、太阳能发电的年利用小时数。

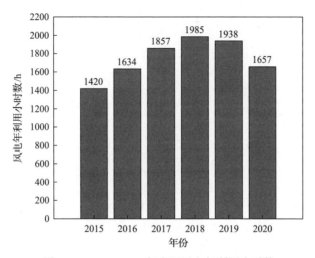

图 1-7　2015～2020 年全国风电年利用小时数

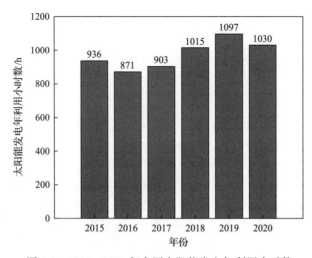

图 1-8　2015～2020 年全国太阳能发电年利用小时数

可见，我国风电年利用小时数为1400～2000h，近年来有上升趋势，但是2020年风电利用小时数较低，可能与风电企业"年末抢装"有关。我国太阳能发电年利用小时数近年来稳定在1000h左右。

目前，无论是从装机容量的角度还是发电量的角度，我国整体的新能源发展程度尚未达到高比例的标准，仍然处于能源清洁化、低碳化转型的初级阶段。然而，在甘肃、内蒙古等新能源发电较为集中的局部地区，新能源发电量占比已经超过20%，初步具备了高比例可再生能源电力系统的特征，部分风电场、光伏电站出现了消纳困难的问题。

随着低碳化、清洁化能源战略的逐步实施，我国的新能源将进一步快速发展，风、光装机容量将会不断攀升。为了达成2030年前碳达峰、2060年前碳中和的目标，在未来十几到几十年内，我国的能源结构将会由"局部中比例，整体低比例"逐步过渡到"局部高比例，整体中比例"乃至"整体高比例"。

1.1.2　世界电力能源现状

1. 电力能源结构

截至2020年，世界发电装机总容量为78.1亿kW，仍然以火电为主。其中火电装机容量为44.4亿kW，占比为56.9%；水电装机容量为13.2亿kW，占比为16.9%；非水可再生能源装机容量为16.6亿kW，占比为21.3%；核电装机容量为3.9亿kW，占比为5.0%[①]。世界电源结构进一步向低碳方向发展，以风电和太阳能发电为代表的非水可再生能源装机容量比重持续上升。世界风电装机容量持续增长，2020年世界风电装机总容量为7.4亿kW，其中亚太地区风电装机的占比为46.7%，欧洲为29.6%，北美为19.2%。2020年世界光伏装机总容量为7.4亿kW，增长迅速。

2020年世界总发电量为25.5万亿kW·h，其中火电、水电、核电、非水可再生能源发电量分别占总发电量的61.3%、16.5%、9.9%和12.3%。

2. 能源转型

国际社会对气候环境问题日益关注，越来越多的国家、地区纷纷提出碳中和目标愿景。根据《博鳌亚洲论坛可持续发展的亚洲与世界2022年度报告——绿色转型亚洲在行动》，截至2021年底，全球已有136个国家、115个地区、235个主要城市制定了碳中和目标。碳中和目标已覆盖了全球88%的温室气体排放、90%的世界经济体量和85%的世界人口。当前，全球温室气体排放量约500亿t二氧化碳当量/年。其中，73%来自能源的使用，电力行业占能源碳排放的36%，能源

---

① 占比数据加和不为100%是由四舍五入引起的。

电力低碳转型是各国实现碳中和的重要抓手。

近年来，各国致力于减碳政策的完善，主要呈现出以下几个特征。

一是减碳目标更加清晰。由于能源与气候之间的强关联，减碳目标推动能源低碳转型步伐加快。欧盟、美国、日本、中国等国家和组织相继发布了碳中和目标，不断加码可再生能源发展以实现电力能源率先碳中和。

二是配套政策不断完善。随着碳达峰碳中和目标推进，各国能源低碳转型的路线图更加清晰，财税等配套政策措施也不断细化完善。根据彭博新能源财经（BNEF）2021 年 2 月发布的《G20 国家零碳政策评估报告》，G20 国家在电力、化石燃料脱碳、交通、建筑、工业、循环经济等领域的相关政策不断完善，德国、法国、韩国、英国、日本等国已采取了全面有力的政策措施，除电力外，已着手推动交通减排和循环经济。

三是政策重点更加突出。首先是严控总量，提高能源生产和消费的效率效能；其次是优化结构，提升发电侧可再生能源发电比例和终端电气化水平；最后是完善市场，重视碳排放交易市场的建设和完善，充分发挥市场调节作用。

四是全球大企业成为政策实施的重要力量。根据《博鳌亚洲论坛可持续发展的亚洲与世界 2022 年度报告——绿色转型亚洲在行动》，截至 2021 年底，全球 2000 家顶尖企业中的 682 家制定了碳中和目标。油气企业减排难度大，BP、壳牌和道达尔等大型油气公司承诺 2050 年实现净零排放，中国石油天然气集团有限公司提出 2025 年甲烷排放降低 50%，中国石油化工集团有限公司提出到 2025 年将能效提升 100%的目标。电力企业排放总量大，法国电力公司、东京电力公司提出到 2050 年实现碳中和，中国国家电网有限公司发布了"碳达峰、碳中和"行动方案，中国长江三峡集团有限公司提出 2030 年碳达峰、2040 年实现碳中和。

1）欧盟

作为全球发达经济体的代表，欧盟一直是全球碳减排运动的重要推动力量，在欧洲国家协同减排方面做出了重大贡献。

2007 年 3 月，欧洲理事会提出《2020 年气候和能源一揽子计划》，确定了欧盟 2020 年气候和能源发展目标，即著名的"20-20-20"一揽子目标：将欧盟温室气体排放量在 1990 年基础上降低 20%，将可再生能源在终端能源消费中的比重增至 20%，将能源效率提高 20%。

2011 年，欧盟公布《能源路线图 2050》和《2050 年迈向具有竞争力的低碳经济路线图》，提出欧盟 2050 年实现在 1990 年基础上减少温室气体排放量 80%～95%的长远目标。2014 年，欧洲理事会初步确定 2030 年气候和能源发展目标，将温室气体排放量在 1990 年基础上减少 40%，可再生能源在终端能源消费中的比重增至 27%，将能源效率提高 27%。2018 年，欧盟又达成协议，将 2030 年可再生能源比重目标增至 32%、能效提高 32.5%。

2021 年 6 月，欧盟最终通过了《欧洲气候法》，通过立法将欧盟的碳排放目标设定为 2030 年温室气体在 1990 年基础上减少至少 55%。7 月，欧盟委员会通过落实《2030 年减排目标一揽子提案》(Fit for 55)。在碳排放交易领域，将碳排放交易应用于新的部门和收紧现有的欧盟排放交易体系，并要求成员国将所有源自碳市场的收入用于气候和低碳能源项目；在交通领域，欧盟提出将在 2030 年前确保新车的平均排放量在 2021 年基础上降低 55% 以上，到 2035 年全面推行零排放车辆，并彻底停止汽柴油车的销售；在能源领域，增加可再生能源的使用，2030 年欧洲 40% 的能源消费来自可再生能源；在提高能效方面，要求欧盟成员国将年度节能义务提高一倍，每年对 3% 的公共建筑进行节能改造等；在使用生物质能源方面，将加强对农业、林业等领域的监督，到 2030 年在欧洲范围内种植 30 亿棵树。

2) 美国

美国一次能源已于 2005 年前后实现碳达峰，2005～2020 年，一次能源消费步入下行区间，从 33.1 亿 t 标准煤下降至 29.2 亿 t 标准煤。能源相关的二氧化碳已于 2000 年达峰，峰值水平为 57.3 亿 t。2000～2020 年，美国二氧化碳排放处于峰值下降区间，降至 42.8 亿 t。

2021 年 1 月 20 日，拜登就职当天就宣布重返《巴黎协定》。当天，拜登还签署了行政命令，包括设立标准、减少石油和天然气部门的甲烷排放、提升燃油效率和建筑效率等。同月，拜登签署了《关于应对国内外气候危机的行政命令》，将应对气候变化上升为"国策"，包括：将气候危机置于美国外交政策与国家安全的中心；推动 2035 年前电力部门实现净零排放，将各级政府用车置换为清洁和零排放车辆；在公共土地和近海水域增加可再生能源，到 2030 年美国海上风电增加一倍；加快清洁能源和输电项目的部署等。

2021 年 4 月 22 日，领导人气候峰会上，拜登承诺，到 2030 年将美国的温室气体排放量较 2005 年减少 50%～52%；到 2035 年建立 100% 零碳电力；到 2050 年最终实现全社会净零排放目标。重点举措方面，包括大力推动弹性电网、高速公路充电站等关键基础设施建设，加大 CCUS(碳捕捉、利用与封存)和绿氢在内的清洁能源技术应用等。

3) 日本

日本政府在福岛核电事故之后高度重视能源环境问题，积极推动可再生能源尤其是氢能的发展。日本能源转型以氢能规模化利用为显著特色和重要抓手，将氢能与电力、热能并列定位为核心二次能源，提出建设"氢能社会"的愿景，实现氢能在家庭、工业、交通甚至全社会领域的应用。

2021 年，日本政府做出了 2050 年碳中和目标承诺，奠定了日本政府未来能源低碳转型的方向和政策格局。随后发布的"绿色增长战略"进一步明确了能源电力转型目标，强调了电力减排和终端电气化的重要作用。在"绿色增长战略"中，能源行业又进一步分为电力领域与非电领域（包含工业、交通、建筑等）。强调电力是减碳脱碳"重中之重"，电力行业减碳贡献预计达到 70% 左右。明确采取"供应侧清洁发电+消费侧深度电气化"的组合策略，明确提出到 2030 年海上风电装机容量达到 10GW，到 2040 年达到 30~45GW，到 2050 年可再生能源将占电力供应的 50%~60%；推进工业、交通、建筑领域的电能替代，预计 2050 年电力需求比 2018 年增长 30%~50%。高度重视氢能战略，未来 30 年氢、氨两种零碳燃料将占 10% 左右。2021 年 7 月 21 日，日本政府提出《能源基本计划》及能源组合草案，进一步上调了可再生能源的发展目标，计划到 2030 年，主要通过大力发展太阳能，使可再生能源装机占比达到 36%~38%，较原占比目标提升 10 个百分点，核电装机占比维持在 20%~22%，火电装机占比将减少至 41%。

尽管日本政府的能源政策雄心勃勃，但挑战巨大，当前化石能源在日本一次能源中的占比仍高达 77% 左右，能源转型难度较大。

1.2 未来电力能源发展趋势研判

高比例可再生能源是未来能源系统的核心特征和主要预期场景。能源发展场景预测技术一般在构建初始宏观预测模型基础上，结合技术经济性、内外部因素分析、系统学理论与优化、机制体制制定等多方面因素，不断修正和完善模型，提高精确性和可行性。场景预测过程受一系列不确定和不稳定因素的影响，合理判别主导因素和非主导因素，是决定预测场景与实际场景吻合度高低的重要前提条件。目前，国内外相关能源研究机构对未来可再生能源呈现高比例应用的发展趋势是一致认可的，但在未来能源发展场景预测上存在着一定程度的差异。

2018 年国际可再生能源署（International Renewable Energy Agency，IRENA）公布了 2050 年可再生能源发展技术路线图，呼吁各国大力推动能源转型。该路线图预测，中国可再生能源占终端能源消费的份额将从 2015 年的 7% 提高到 2050 年的 67%，欧盟地区将从 17% 增长至 70%，印度从 10% 提高到 73%，美国从 8% 提高到 63%。国际能源署（International Energy Agency，IEA）于 2018 年 11 月发布了《世界能源展望 2018》，预测了三种场景下全球能源发展趋势，在可持续发展场景下，2040 年全球非化石能源在一次能源消费中的占比将达到 40%，全球电力生产将增加 45% 左右，达到 37000TW·h，其中可再生能源电力占比将增加到 66%，约为当前占比的 3 倍，风电和太阳能发电是增长最快的两种发电形式，将分别增加 7 倍和 16 倍。美国能源信息署（Energy Information Administration，EIA）发布了《2018 年度能源展望》，提出了参考场景、低油气场景、高油气场景三种发电结构场景，三种场景中可再生能源发电量占总发电量的比例分别约为 30.78%、39.84%、25.37%。2017 年 5 月，德国提出了《电力 2030——总结篇》，倡导能源转型是德国实现能源供应体系基本转型的现代化战略，提出能源转型的目标是以低成本安全地提供清洁能源，2050 年可再生能源占电能消耗总额的 80% 以上，未来德国电网将呈现"以风能和太阳能发电为主""耦合更多行业应用可再生能源电力""化石燃料发电应用量大幅下降"等发展趋势。

中国国家发展改革委能源研究所于 2018 年 10 月发布了《中国可再生能源展望 2018》，提出了面向 2050 年美丽中国的能源系统的既定政策和低于 2℃ 两种情景，并通过比较分析来识别现有政策到实现《巴黎协定》的差距，从而设计加速弥合差距的目标方案和政策措施。低于 2℃ 情景中，预计 2050 年我国风能 (44%) 和太阳能 (27%) 将主导 2050 年可再生能源的供应，届时非化石能源的总体比例将达到 70%。

在我国提出 2030 年前碳达峰、2060 年前碳中和全新战略目标后，可再生能源的发展再次走上了快车道。2021 年 9 月发布的《中共中央 国务院关于完整准确全面贯彻新发展理念做好碳达峰碳中和工作的意见》明确提出，到 2030 年，风电、太阳能发电总装机容量达到 12 亿 kW 以上。其核心举措是积极发展非化石能源。实施可再生能源替代行动，大力发展风能、太阳能、生物质能、海洋能、地热能等，不断提高非化石能源消费比重。坚持集中式与分布式并举，优先推动风能、太阳能就地就近开发利用。因地制宜开发水能。积极安全有序发展核电。合理利用生物质能。加快推进抽水蓄能和新型储能规模化应用。统筹推进氢能"制储输用"全链条发展。构建以新能源为主体的新型电力系统，提高电网对高比例可再生能源的消纳和调控能力。

以新能源为主体的新型电力系统作为国家电力能源战略，是一个前所未有的信号，推动我国电力系统向可再生能源占比不断攀升、从现状的低比例向中高比例甚至极高比例的水平迈进。这样的未来情景，在源网荷储侧都呈现出全新的特征和技术挑战。

1. 源侧：低容量系数风/光电源成为主体，其他电源向灵活性资源转型

电源的容量系数定义为年平均发电功率与装机容量的比值。实际工程运行经验表明，风电的容量系数为 25%～40%，太阳能发电的容量系数为 10%～20%。风/光电源容量系数低，实际电量供应能力与装机容量之间不匹配。

这一点可从全球和不同国家风/光电源的装机渗透率和电量渗透率发展实际情况得到印证，如图 1-9 所示，全球和各国风/光电源的电量渗透率均小于装机渗透率，且二者的偏差随着装机规模的扩张有逐渐加大的趋势 (以图中德国为例)。

其中，风/光装机、电量渗透率分别为风/光装机容量、发电量与系统相应指标的比值，图中数据为美国能源信息署网站 2000～2018 年的统计数据。

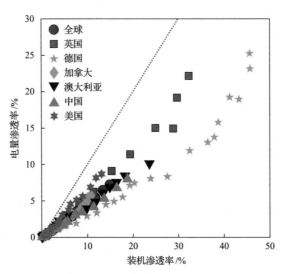

图 1-9　全球和不同国家风/光电源装机和电量渗透率发展情况

风/光电源难以像传统火电集供电与辅助服务于一身，其他电源与之互补而向灵活调节资源转型。水电、燃气发电(包括燃氢)等电源本身具有快速功率调节能力，而核电则可考虑结合制热、制氢等方式挖掘其灵活调节潜力。

2. 网侧：源端电网多电压层级网络功能耦合，受端电网呈现"空心化"

新能源的发展极大地改变了电网结构和发展演化特性。我国由于不同地区资源、气象、环境的差异以及集中/分散的风/光电源开发模式，产生了不同的并网特性，也促使了送受端电网结构的多元化演变。

从源端电网来看，"新能源基地+火电支撑+远距离外送"的集中式开发模式极大地推动了我国交直流电网的发展。可再生能源电源的汇聚效应导致其随机、波动特性影响放大；可再生能源多电压层级汇集网络与本地电网深度融合而影响供电或导致弃风弃光；本地消纳和外送输出并举，使高比例可再生能源电源的特性与源端电网的本地负荷供给及跨区联络输电功能深度耦合。

从受端电网来看，常规电源占比逐步减小，分布式发电接入，同时伴随直流馈入，受端电网呈现"空心化"特点。直流近区潮流疏散重载能力、电压支撑能力、功角稳定特性、动态稳定振荡阻尼比等电网特性降低。受端电网的规划和运行都需特别考虑系统安全稳定特性的新变化。

另外，分布式新能源的快速发展，极大地改变了受端配电网的结构和运行特性。中远海风电的开发推动了柔性直流网络技术的探索与发展。

3. 荷侧：弹性负荷需求响应成为常态机制，P2X 提供了电力和其他能源部门的耦合潜力

为了解决富余风/光电量消纳问题，负荷成了参与系统调节的关键环节。对极高比例系统发展阶段，有必要考虑包括电制气（power-to-gas，P2G）、电制热（power-to-heat，P2H）、电制冷（power-to-cooling，P2C）、电动汽车（power-to-vehicle，P2V）等 P2X 技术，实现电力部门和其他能源部门的耦合平衡。随着 P2X 技术的介入，极高比例系统将出现更多的弹性负荷，其输入功率允许在一定时间内大范围波动。根据弹性可调时间尺度的长短，可以将其划分为日内功率灵活可调的低弹性负荷与更长时间尺度自由可调的高弹性负荷。

4. 储侧：储能专门提供灵活平衡能力，是极高比例系统的必需环节

为了控制系统成本，储能发展规模不宜过大，对 100%可再生能源电力系统情景的测算结果表明，储能容量在总发电量 30%以内的水平。但若完全依赖短期储能调节，所需的锂电池制造材料将超出现有探明可开发总量。长周期储能的需求容量将随风/光发电量占比的提高而显著增大，据估计，到 2040 年长周期储能的总容量将达到 1.5～2.5TW（85～140TW·h），是目前水平的近 400 倍，届时 10%的发电量将经过长周期储能的存储。不同文献侧重点和命名方式略有差异，这里的长周期储能既包括 4～100h 的长期储能（long-duration storage，LDS），也包括≥100h 的季节性储能（seasonal storage，SS），相应的短期储能指的是≤4h 的储能形式。多时间尺度的储能将共同为极高比例系统的源荷匹配提供重要的缓冲作用。

综上，不同可再生能源占比发展阶段的系统结构特点对比如表 1-3 所示。

表 1-3　不同可再生能源占比发展阶段的系统结构特点对比

源网荷储	低比例	中高比例	极高比例
源侧	火电为主，可再生发电主体为水电	火电比重仍较大，部分转型灵活调节资源，风/光发电占比提升	风/光发电成为电量供应主体，其他电源均高度灵活可控
网侧	源端电网发展受电源特性制约；受端电网运行稳定性由火电支撑	源端功能耦合程度较低；受端电网开始呈现"空心化"	源端汇集-本地-外送多功能深度耦合；受端"空心化"、低惯量特点凸显
荷侧	全部为刚性负荷	刚性负荷为主，有少量低弹性负荷	有大量低弹性负荷与高弹性负荷，电力与其他用能需求深度耦合
储侧	主要是抽蓄，总规模较小	存储时长≤4h 的电化学储能得到发展，总储能规模仍较小	长期储能（4～100h）和季节性储能（≥100h）得到发展，涵盖多能源形式，储能规模较大

与之对应，未来电力系统的运行特性也将发生改变。基于 2020 年国家电网有

限公司经营范围内各省份实际负荷和风/光发电逐小时功率曲线得到全国曲线，以 2060 年容量规划数据为基础，可以得到极高比例系统的净负荷时序和持续曲线，如图 1-10 所示。其中，净负荷定义为系统负荷与风/光发电的差值，图中以净负荷除以年负荷峰值得到的标幺值结果进行展示。净负荷持续曲线根据净负荷时序曲线的数据整理得到。净负荷持续曲线上每一点 (D, P) 的含义表示全年净负荷不小于 $P(\text{p.u.})$ 的时长不超过 $D(\text{h})$。

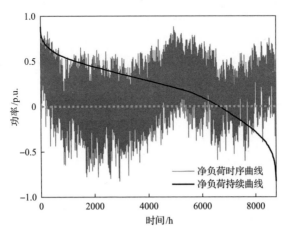

图 1-10　极高比例系统的净负荷时序和持续曲线

从净负荷时序曲线可以看出，大规模风/光电源的接入造成系统净负荷时序曲线大幅、快速波动，且受风/光发电季节特性影响，净负荷为正与为负的时段呈现出聚集性；从净负荷持续曲线可以进一步看出极高比例系统全年中将出现较长时段 (图中对应 2600h) 净负荷为负，并且对应的电量值较大，"富余电量往哪去"将成为需要特别关注的问题。可见，在极高比例系统中，风/光电源特性主导了系统运行，灵活性是极高比例系统关注的新问题，对功率和能量灵活调节资源需求的急剧增长将是极高比例系统的关键矛盾。

此外，气象条件的不确定变化将极大地改变灵活性供需平衡的边界，气象要素将成为影响灵活平衡的重要参变量。气象因素成为极高比例系统源荷双侧的共性敏感因素，在源侧，连续无风无光的天气状况以及低温寒潮等极端天气都会对系统的负荷供应能力造成冲击，而多风及晴朗天气又挑战系统消纳富余电力的能力。在荷侧，城市负荷占比提高，尤其是温控类负荷比例提升，导致负荷温度敏感度大大增加。法国的居民供热主要依赖于电锅炉，这导致法国的电力负荷温度敏感度达到了 2300MW/℃，达到平均负荷值的 3.5%。

综上，对比极高比例系统与低比例系统、中高比例系统的运行特点，列于表 1-4 中。

表 1-4　不同可再生能源占比发展阶段系统的运行特点对比

运行特点	低比例	中高比例	极高比例
灵活性矛盾	灵活性问题不突出	净负荷为正情形下功率调节灵活性为主要矛盾	净负荷为正和为负两种情形下功率和能量调节灵活性问题均突出
时间尺度	日尺度(涉及启停)	秒至小时尺度(涉及电力电子及风/光发电剧烈波动)	周至多年尺度(涉及中长期灵活调节资源总量的有限性)
不确定性	刚性负荷变化	源端输入资源变化	影响源荷双侧的气象变化

1.3　未来电力发展研究动态

1.3.1　电网形态分析

按空间尺度，电网形态的研究可分为全球、地区、国家、国内区域四个层级。全球层级及地区层级，文献[4]考虑地区互联情景研究光伏发电在全球能源转型中的作用，为实现 2050 年全球 100%可再生能源电力目标，文献[5]则基于此情景进一步研究了光伏的发展路径。在对欧洲电网的研究中，文献[6]研究了互联容量对备用容量的影响；文献[7]表明国家间电网互联可显著降低备用容量；文献[8]研究了随着波动性可再生能源渗透率的上升，泛欧洲电力系统中输电网络的扩展需求。文献[9]研究了东南亚国家联盟地区电力系统在可持续化转型过程中的长期投资优化方案，并指出构建地区内互联网架有助于平抑可再生能源的波动性，实现经济最优；文献[10]研究了东北亚地区实现 100%可再生能源电力系统的国家互联情景，研究表明实现东北亚国家互联的超级电网计划在电力系统清洁化进程中扮演着重要角色。文献[11]研究了北美地区实现高比例可再生能源电力系统的国家互联情景。国家层级，文献[12]基于德国国内区域互联网架研究了德国 2020 年、2030年面向高比例可再生能源电力系统的发展路径；文献[13]考虑区域互联层级而非国家互联层级研究了欧洲 2030 年 77%可再生能源电力系统的输电网形态；文献[14]~[16]基于巴西、印度、伊朗国内区域互联情况，分别研究了各国的能源转型发展路径。在针对中国的研究中，文献[17]将中国分为 10 个区域，建立了多区域远期规划模型，研究了区域互联情况；文献[18]将中国分为 12 个区域，同时考虑煤炭的跨区运输，研究了中国电力系统电源、电网形态至 2030 年的发展路径；文献[19]进一步将中国分为 17 个区域，以最大化累计总收益为目标研究了源、网形态至 2050 年的发展路径；文献[20]研究了中国电力系统至 2050 年的低碳化发展路径，提出了区域间互联加强的发展需求；文献[21]基于中国六个电网区域的划分，建立了宏观层面的源荷储协同规划模型并研究了中国电力系统至 2030 年的发展路径；文献[22]建立了全国省级以上系统的规划运行模型，提出了含特高压输电情景的 4 种情景并比较了不同情景下系统的发展路径；文献[23]以省为单位建立了 31 节点的系统，研究了中国电力系统低碳化转型过程中水电、储能在区域互联中的地位和作用。

全球、地区、国家层级的研究可以确定相应尺度电源及电力流的基本布局，但难以精细考虑电力电量平衡模式等技术问题。同时，我国幅员辽阔，不同区域的电力系统具有显著的特性差异，从国内区域电网层级进行形态研究可以有针对性地反映不同特性电网的独特形态。对于区域内网架形态的研究方面，大多文献主要是在区域网架上测试新的规划方法，鲜有文献关注到区域本身的特性及发展形态。文献[24]分析了我国西北地区 2030 年及之后的电源结构及电力流向，但未考虑具体网架及多样化灵活性资源的协同配置。文献[25]提出了西北地区大规模可再生能源发电集群直流汇集及输送方案，但对所提方案缺乏详细的技术经济性分析。文献[26]提出了储能在西北电力系统中的配置场景，并分别基于新疆、甘肃和青海电网的网架及运行情况对储能参与系统调频调压进行仿真验证，但此研究缺乏日尺度及年季尺度的技术经济性分析。

在数学模型上，现有研究的模型可以分为两类。一类是场景校验模型，主要对所提形态场景进行运行模拟，并分析相关指标；另一类则是场景设计模型，基于相关参数对形态场景进行构建和模拟。

场景校验模型主要用于对静态形态的评估和分析。场景校验模型的研究中，较为普遍采用的是丹麦奥尔堡(Aalborg)大学 Connolly 教授团队开发的 EnergyPLAN 模型[27]。该模型基于数学优化方法，可以在小时分辨率上对包含电力系统的、供热、制冷、工业、交通部门进行综合模拟，已经被多国研究者用于研究不同地区的电源形态。

场景设计模型以是否考虑系统多阶段的规划设计为区分，可以分别用于静态形态研究和演化路径研究两方面。场景设计模型的类型较多，而模型之间的相似性较高。此类模型的目标函数通常为最小化投资成本和运行成本之和。其中投资成本可以是在当前系统上的增量投资，也可以是不考虑系统现状的总量投资。一般在研究发展路径时在目标函数中采用增量投资，可以进行单阶段规划或多阶段规划。而在确定远期(如 2050 年)电源形态时往往采用总量投资，其基本假设为在目标年现有设备都将退役，故系统可完全重建，这种方法也称为格林菲尔德(Greenfield)方法。约束条件也可分为两种类型，一种是将整个系统当作单个节点，忽略能量的空间传输，而另一种方法则将系统划分为多个节点，节点间进行能量传输。

目前关于电网形态的研究工作主要有以下两方面的不足。

(1)认识层面：对电网形态未形成统一完整的描述框架及研究思路，对未来电网形态的观念停留在传统阶段，仅考虑部分灵活性资源，未将源-网-荷-储全环节灵活性资源全面纳入考虑。

(2)机理模型层面：所考虑的电力电量平衡机理仅适用于中低比例可再生能源，未考虑高比例可再生能源系统的多时间尺度耦合的电力电量平衡，缺乏可以考虑多时间尺度耦合电力电量平衡的规划模型。

1.3.2 多时间尺度电力电量耦合平衡运行机理

随着可再生能源渗透率的上升及常规同步电源减少导致的分秒调节能力不足，分秒尺度频率安全问题需要在日尺度出力调度中加以关注。在考虑调频的优化调度方面，文献[28]将系统一次调频和三次调频备用的充裕性作为约束纳入机组组合模型。文献[29]提出了一种孤岛系统中考虑频率最低点的机组组合模型以确定最优的调频备用。在忽略系统负荷阻尼特性后，文献[30]针对惯性响应和一次频率响应问题，采用了系统频率响应模型[31]解析化计算了火电主导的多机系统频率动态中的频率最低点，并利用分段线性化方法得到了适合机组组合模型的线性频率安全约束。文献[32]提出了考虑一次频率响应(包括系统惯性、控制器爬坡和死区)的最优潮流模型以指导运行。文献[33]考虑风电出力不确定性建立了随机机组组合模型，将故障后频率动态指标(频率变化率、频率最低点、准稳态频率)建模为线性约束纳入模型，并可以考虑风电不确定性对系统惯性的影响。文献[34]提出频率安全域的概念及含频率约束的调度模型以衡量系统不同运行状态下的频率安全状况。以上研究主要通过微分方程或传递函数的方式描述频率动态，并简化为线性约束纳入优化调度模型中。

同时，在将频率安全约束纳入优化调度模型时，通常采用的频率安全指标为最大频率变化率、最大频率偏差、稳态频率偏差，其中部分指标构建的约束为非线性约束，可采用分段线性化方法将其转化为线性约束。但这种近似处理导致了计算量过大的问题，如文献[35]构建了将近一百条线性约束以实现近似。文献[36]采用近似的方法减少约束，但是其前提假设为发电机启停状态确定，适用范围具有一定局限性。

可再生能源提供短尺度频率支撑能力作为一种技术思路被广泛研究。巴西和加拿大等国家已明确要求可再生能源提供频率支撑。而可再生能源的支撑特性与传统同步机组不同，需要重新建模。现有文献以研究风电场提供频率支撑的能力与控制手段为主，但建模方式仍有不足。首先，考虑风电场内风速分布特性，风电场的频率支撑特性与单个风电机组不同，给定风电场的有功出力难以准确评估其频率支撑能力[37]。文献[35]和[36]在机组组合中考虑风电以固定的能力提供频率响应，忽略了上述不确定性。文献[38]采用文献[37]中的经验数据以考虑频率支撑能力的不确定性，但其未考虑风电的多样化调频策略及对应的不同的不确定性特性。文献[38]中通过假设风电场的风速分布已知以确定其支撑能力，但在规划中实际风速分布情况难以获得。其次，风电在小时级以内也具有显著的波动性，这与规划阶段的小时级运行模拟的时间步长不匹配，传统以风电小时级平均出力等效其小时内各时刻出力的方法将导致在小时内部分时段对风电支撑能力的过估计，进而带来频率安全风险。但现有考虑短尺度的电力电量平衡研究几乎未涉及该问题。最后，由于风电机组的出力由电力电子设备控制，其频率支撑策略可多样化定制，电力电量平衡中应能够考虑多样化策略的最优配置。

参 考 文 献

[1] 中国电力企业联合会. 全国电力工业统计快报一览表 (2016) [EB/OL].[2022-10-13]. https://cec.org.cn/detail/index.html?3-126874.

[2] 中国电力企业联合会. 全国电力工业统计快报一览表 (2018) [EB/OL].[2022-10-13]. https://cec.org.cn/detail/index.html?3-277094.

[3] 中国电力企业联合会. 全国电力工业统计快报一览表 (2020) [EB/OL].[2022-10-13]. https://cec.org.cn/detail/index.html?3-305140.

[4] Breyer C, Bogdanov D, Gulagi A, et al. On the role of solar photovoltaics in global energy transition scenarios[J]. Progress in Photovoltaics: Research and Applications, 2017, 25 (8) : 727-745.

[5] Breyer C, Bogdanov D, Aghahosseini A, et al. Solar photovoltaics demand for the global energy transition in the power sector[J]. Progress in Photovoltaics, 2018, 26 (8) : 505-523.

[6] Rodriguez R A, Becker S, Andresen G B, et al. Transmission needs across a fully renewable European power system[J]. Renewable Energy, 2014, 63: 467-476.

[7] Rodriguez R A, Dahl M, Becker S, et al. Localized vs. synchronized exports across a highly renewable pan-European transmission network[J]. Energy, Sustainability and Society, 2015, 5 (1) : 21.

[8] Becker S, Rodriguez R A, Andresen G B, et al. Transmission grid extensions during the build-up of a fully renewable pan-European electricity supply[J]. Energy, 2014, 64: 404-418.

[9] Huber M, Roger A, Hamacher T. Optimizing long-term investments for a sustainable development of the ASEAN power system[J]. Energy, 2015, 88: 180-193.

[10] Bogdanov D, Breyer C. North-East Asian super grid for 100% renewable energy supply: Optimal mix of energy technologies for electricity, gas and heat supply options[J]. Energy Conversion and Management, 2016, 112: 176-190.

[11] Aghahosseini A, Bogdanov D, Breyer C. A techno-economic study of an entirely renewable energy-based power supply for North America for 2030 conditions[J]. Energies, 2017, 10 (8) : 1171.

[12] Moeller C, Meiss J, Mueller B, et al. Transforming the electricity generation of the Berlin-Brandenburg region, Germany[J]. Renewable Energy, 2014, 72: 39-50.

[13] Brown T, Schierhorn P P, Tröster E, et al. Optimising the European transmission system for 77% renewable electricity by 2030[J]. IET Renewable Power Generation, 2016, 10 (1) : 3-9.

[14] Larissa D, Orozco J F, Bogdanov D, et al. Hydropower and power-to-gas storage options: The Brazilian energy system case[J]. Energy Procedia, 2016, 99: 89-107.

[15] Gulagi A, Bogdanov D, Breyer C. The role of storage technologies in energy transition pathways towards achieving a fully sustainable energy system for India[J]. Journal of Energy Storage, 2018, 17: 525-539.

[16] Aghahosseini A, Bogdanov D, Ghorbani N, et al. Analysis of 100% renewable energy for Iran in 2030: Integrating solar PV, wind energy and storage[J]. International Journal of Environmental Science and Technology, 2018, 15(1): 17-36.

[17] Cheng R, Xu Z, Liu P, et al. A multi-region optimization planning model for China's power sector[J]. Applied Energy, 2015, 137: 413-426.

[18] Yi B W, Xu J H, Fan Y. Inter-regional power grid planning up to 2030 in China considering renewable energy development and regional pollutant control: A multi-region bottom-up optimization model[J]. Applied Energy, 2016, 184: 641-658.

[19] Guo Z, Ma L, Liu P, et al. A multi-regional modelling and optimization approach to China's power generation and transmission planning[J]. Energy, 2016, 116: 1348-1359.

[20] He G, Avrin A P, Nelson J H, et al. SWITCH-China: A systems approach to decarbonizing China's power system[J]. Environmental Science & Technology, 2016, 50(11): 5467-5473.

[21] Zhang N, Hu Z, Shen B, et al. An integrated source-grid-load planning model at the macro level: Case study for China's power sector[J]. Energy, 2017, 126: 231-246.

[22] Yang Y, Zhang H, Xiong W, et al. Regional power system modeling for evaluating renewable energy development and CO$_2$ emissions reduction in China[J]. Environmental Impact Assessment Review, 2018, 73: 142-151.

[23] Liu H, Brown T, Andresen G B, et al. The role of hydro power, storage and transmission in the decarbonization of the Chinese power system[J]. Applied Energy, 2019, 239: 1308-1321.

[24] Chen X Y, Lv J J, McElroy M B, et al. Power system capacity expansion under higher penetration of renewables considering flexibility constraints and low carbon policies[J]. IEEE Transactions on Power Systems, 2018, 33(6): 6240-6253.

[25] 姚良忠, 刘艳章, 杨波, 等. 大规模新能源发电集群直流汇集及输送方案研究[J]. 中国电力, 2018, 51(1): 36-43.

[26] 徐少华, 李建林, 宋新甫, 等. 大规模储能系统提升西北地区可再生能源消纳能力分析[J]. 电力建设, 2018, 39(4): 67-74.

[27] Sustainable Energy Planning Research Group at Aalborg University. EnergyPLAN[EB/OL]. [2020-02-08]. https://www.energyplan.eu.

[28] Restrepo J F, Galiana F D. Unit commitment with primary frequency regulation constraints[J]. IEEE Transactions on Power Systems, 2005, 20(4): 1836-1842.

[29] Chang G W, Chuang C S, Lu T K, et al. Frequency-regulating reserve constrained unit commitment for an isolated power system[J]. IEEE Transactions on Power Systems, 2012, 28(2): 578-586.

[30] Ahmadi H, Ghasemi H. Security-constrained unit commitment with linearized system frequency limit constraints[J]. IEEE Transactions on Power Systems, 2014, 29(4): 1536-1545.

[31] Anderson P M, Mirheydar M. A low-order system frequency response model[J]. IEEE Transactions on Power Systems, 1990, 5(3): 720-729.

[32] Chávez H, Baldick R, Sharma S. Governor rate-constrained OPF for primary frequency control adequacy[J]. IEEE Transactions on Power Systems, 2014, 29(3): 1473-1480.

[33] Teng F, Trovato V, Strbac G. Stochastic scheduling with inertia-dependent fast frequency response requirements[J]. IEEE Transactions on Power Systems, 2015, 31(2): 1557-1566.

[34] Zhang Z, Du E, Teng F, et al. Modeling frequency dynamics in unit commitment with a high share of renewable energy[J]. IEEE Transactions on Power Systems, 2020, 35(6): 4383-4395.

[35] Paturet M, Markovic U, Delikaraoglou S, et al. Stochastic unit commitment in low-inertia grids[J]. IEEE Transactions on Power Systems, 2020, 35(5): 3448-3458.

[36] Doherty R, Mullane A, Nolan G, et al. An assessment of the impact of wind generation on system frequency control[J]. IEEE Transactions on Power Systems, 2009, 25(1): 452-460.

[37] Teng F, Strbac G. Assessment of the role and value of frequency response support from wind plants[J]. IEEE Transactions on Sustainable Energy, 2016, 7(2): 586-595.

[38] Chu Z, Markovic U, Hug G, et al. Towards optimal system scheduling with synthetic inertia provision from wind turbines[J]. IEEE Transactions on Power Systems, 2020, 35(5): 4056-4066.

第2章　高比例可再生能源驱动的电网形态演变

传统电网发展以负荷增长为内在驱动，负荷增长带来电源发展需求，进而加强电网以实现供需匹配。而随着气候问题日益凸显、清洁的可再生能源成本日益下降，电网发展的驱动力发生了显著变化。除负荷增长外，可再生能源的飞速发展成为系统演化的新驱动，并促使电网发展的基本模式发生改变。负荷驱动下电源单向匹配负荷的模式逐渐向电源和负荷双向匹配的互动发展模式转变。进而系统需要在连接组织形式和交互作用方式上发生变化以满足新的发展模式。在此背景下，研究未来电网的形态变化和演化路径对指导电网的发展至关重要。

2.1　电网形态的定义、指标及研究思路

2.1.1　电网形态的定义

电网形态是指电网的组成设备及其参与者的连接组织形式及交互作用方式。需要注意的是，这里所讨论的"电网"是广义电网，除了电力网络本身，也包含电力网络所连接的源、荷、储各环节，即电力系统的概念。同时给出电网形态在数学上的定义。

电网形态在数学形式上可描述为一组特征集合，该集合描述了电网的组成设备及其参与者的连接组织形式和交互作用方式。

对于一类电网 $\mathcal{G}$，其包含 m 个不同电网：

$$\mathcal{G} = \{G_1, \cdots, G_i, \cdots, G_m\} \tag{2-1}$$

每个电网均有一系列特征 $\mathcal{F}_i$：

$$\mathcal{F}_i = \{A_{i1}, A_{i2}, \cdots, A_{ip}, B_{i1}, B_{i2}, \cdots, B_{iq}\} \tag{2-2}$$

式中，$A_{i1}, A_{i2}, \cdots, A_{ip}$ 为电网 i 在连接组织形式方面的特征；$B_{i1}, B_{i2}, \cdots, B_{iq}$ 为电网 i 在交互作用方式方面的特征。电网的形态是此类电网的共同特征，即

$$\begin{aligned} \mathcal{F} &= \{A_1, A_2, \cdots, A_p, B_1, B_2, \cdots, B_q\} \\ A_j &= \bigcap_i A_{ij}, \ j = 1, \cdots, p \\ B_k &= \bigcap_i B_{ik}, \ k = 1, \cdots, q \end{aligned} \tag{2-3}$$

式中，∩ 为特征的交集。

需要说明的是，在指代某一类电网时，既可以指同时存在的多个物理电网，也可以指一个电网在不同条件下的多个场景。

2.1.2　电网形态的特征指标体系

根据电网形态的定义，对电网形态的表征包括连接组织形式和交互作用方式两个方面。连接组织形式是指电网的静态特征，如电源结构、网络拓扑等，而交互作用方式是指电网的运行逻辑（动态特性），如电力电量平衡方式。两者相互作用、相互影响。基于此，表 2-1 给出电网形态的描述框架，既包括数值型指标也包括文本型指标，其中括号内是对形态指标的细化和具体解释。

表 2-1　电网形态的描述框架

描述角度		形态指标
连接组织形式	电源	装机配比 电量占比 调节能力
	储能	装机占比 组成结构（抽水蓄能、电池储能、压缩空气储能、储氢） 容储比
	负荷	装机-负荷充裕度 调节能力
	电网	功能结构（汇集网络、输电网络、配电网络、联络线、外送线路、馈入线路） 拓扑结构（链型、环型、网型） 输电方式（交流、直流、交直流）
交互作用方式	本地运行	电力电量平衡模式（电源利用小时、瞬时电力占比、调峰模式）
	外送/馈入电力	电力电量平衡模式（功率安排、电量计划）

注：定义储能的容储比为储能最大储存电量与储能最大功率之比。

同时，需要说明的是，表 2-1 所给出的形态指标集合旨在确保适用于各种电网形态，而由于不同类型的电网的形态特征的侧重不同，一种电网形态可能不会在上述所有指标下均具有典型性，故在形态描述时需选取表 2-1 中具有典型性的指标进行表征。

2.1.3　电网形态研究的基本思路

由前述分析可知，可再生能源的飞速发展是电网形态变化的新驱动，而可再生能源主导下具有新特征的电力电量平衡是系统连接组织形式及交互作用方式结合与发展的关键点。由此，本节提出以可再生能源发展为关键线索、以电力电量平衡模式为关键机理的电网形态研究的基本思路（流程图如图 2-1 所示）。

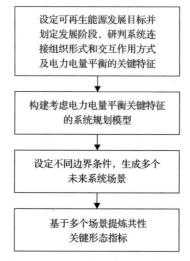

图 2-1 电网形态研究的基本思路

(1)设定可再生能源发展目标并划定发展阶段,研判该阶段下系统连接组织形式与交互作用方式的基本特征及电力电量平衡的关键特征。

(2)基于上述研判,考虑电力电量平衡的关键特征对参与元件及运行模式进行详细建模,基于此搭建考虑电力电量平衡关键特征的系统规划模型。

(3)设定不同边界条件,基于上述规划模型生成多个未来系统场景。

(4)对多个场景进行分析,提炼具有共性的关键形态指标。

需要说明的是,本书以高比例可再生能源驱动系统发展演化为视角,故在形态和演化分析中假设负荷按常规模式增长,而对可再生能源发展水平设置不同的目标进行探究。

2.2 未来电网形态研判

2.2.1 未来电网发展的高比例可再生能源驱动

与传统以火电为主的电网不同,高比例可再生能源的接入将以电源侧为起点改变电网的结构形态。可再生能源机组与火电机组具有结构特性和运行特性上的双重区别,如表 2-2 所示。

表 2-2 可再生能源机组与火电机组的特性差异

特性	火电机组	可再生能源机组
结构特性	单机大容量机组高电压直接接入	海量小容量机组多电压等级逐层汇集接入
运行特性	输出功率可控	输出功率波动、不确定

　　结构特性上，火电机组和可再生能源机组具有不同的接入结构，如图 2-2 所示。火电机组单机容量大，经过一个升压环节升至高电压等级并接入电网。而可再生能源机组的单机容量较小、数目庞大且在空间分布较为分散，导致其需要通过汇集网络实现电源的空间汇集，并将汇集后的电能通过多个电压等级逐层升压至高电压等级主干网络进行远距离传输消纳。如图 2-2 所示，可再生能源通常需要经过三个电压等级实现汇集接入。

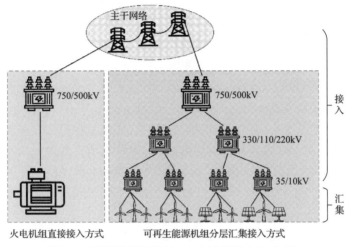

图 2-2　可再生能源机组与火电机组接入方式对比

　　运行特性上，火电机组与可再生能源机组的输出功率模式具有显著区别。火电机组的能量输入为煤炭中储存的能量，煤炭作为可长期保存的"能量块"可以实现"按需使用"。故火电机组由于输入能量的确定、可控，可实现输出功率的确定、可控。而与之不同的是，风、光等自然资源是不确定和不可控的，难以像煤炭那样储存，导致可再生能源机组的输出功率也是波动和不确定的。图 2-3 展示

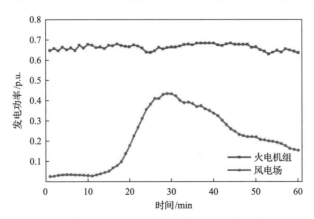

图 2-3　某个风电场与火电机组发电功率波动性对比

了火电机组和某个风电场在一小时内的发电功率，可以看出，火电出力较为平稳而可再生能源的发电功率则有较大波动。

因此，当系统中的主力电源由火电转变为可再生能源电源时，电网的形态也将发生相应变化。

(1)可再生能源机组与火电机组在结构特性上的差异，将对电网形态产生两方面影响。一方面，系统需要构建专门用于可再生能源的汇集接入网络。而由于可再生能源通常分布在较为偏僻的地区，主干网络则通常集中在负荷中心，故可再生能源的汇集网络通常接入主干网络边缘或末端，其电网本身的电压支撑能力较弱，容易受到故障影响而发生可再生能源机组连锁脱网事故。另一方面，由于火电机组逐步被可再生能源机组替代，支撑系统运行的主力电源由单机大容量机组转变为海量小容量机组，物理结构上的差异将带来电源及系统动态特性的变化。

(2)可再生能源机组与火电机组在运行特性上的差异，将给电网在源荷高效匹配上带来新的挑战。传统火电机组的出力可控，系统运行模式为电源匹配电网的"单向匹配"模式。而当具有波动性和不确定性的可再生能源成为系统的主力电源后，系统需要在满足负荷的同时实现可再生能源的高效消纳，此时需要系统实现源网荷储多元"互动匹配"模式，电网的结构形态也需相应变化以实现此新型供需平衡模式。

以下将考虑可再生能源对电网形态的影响，从可再生能源汇集接入网络、区域网络、跨区互联形态三个层面分析未来电网的结构形态，并辅以实例进行说明。

2.2.2 可再生能源汇集接入网络形态研判及案例分析

1. 形态研判

如前所述，可再生能源海量小机组接入的结构特性带来了汇集网络建设的需求。当前阶段，可再生能源的开发区域离主干网络较近、开发范围有限，且主干网络中火电机组仍然较多，主干网络可以为汇集网络提供电压支撑以保证汇集网络的可靠送电。此阶段内，汇集网络的形态为交流汇集接入形态。此场景下在网络构建上需要考虑的主要问题是，与传统配电网由负荷驱动进行构建的模式不同，可再生能源汇集网络以可再生能源电源增长为驱动、以可靠地汇集接入可再生能源为目标进行网络构建。

而在未来，两方面因素将驱使汇集电网的形态发生转变。可再生能源的开发将向距离主干网络更远、更为广阔的风、光资源富集区延伸，同时，主干网络中火电机组将逐步减少以实现清洁化。这两方面因素共同导致可再生能源汇集网络从主干网络中难以获得足够的电压支撑，传统交流汇集的模式将面临难以保障可再生能源机组安全可靠运行的严峻挑战。针对此问题，考虑汇集网络中起到电压/无功支撑的元件不同或者为纯直流网络形态，本节提出未来可能的形态方案(各形态的示意如图 2-4 所示)。

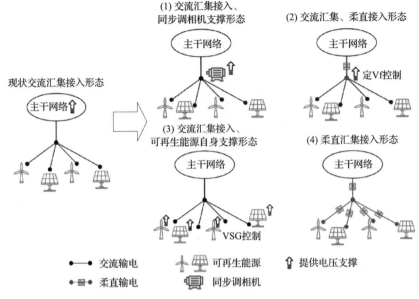

图 2-4　可再生能源汇集网络现状及未来形态

(1)交流汇集接入、同步调相机支撑形态:维持以交流线路进行汇集和接入的方式,在汇集网络中引入新元件加强电压支撑。同步调相机作为一种专用的无功功率发电机,具有可提供较强的无功支撑、支撑能力受电压影响小等优点,可以配置在汇集网络中起到支撑电压的作用。相较于静止无功补偿装置(SVC)、静止同步补偿装置(STATCOM)等无功补偿器件,同步调相机自身可以建立内电势,实现交流汇集网络在主干网络弱支撑下的安全稳定运行。而 SVC、STATCOM等可以在汇集网络中起到辅助调压的作用。为实现这种形态,在交流汇集网络中需要建设同步调相机,投资将会增加。同步调相机的选址、定容是需要关注的技术问题。

(2)交流汇集、柔直(柔性直流)接入形态:维持以交流线路进行汇集的方式,采用柔直输电将汇集后的电能接入到主干网络中。柔直换流站在可再生能源汇集端可以采用定 Vf(电压频率)控制方式为交流汇集网络提供稳定的电压支撑,另外直流输电方式可以有效阻隔主干网络中的故障对汇集网络的影响,提升汇集网络的可靠运行能力。为实现这种形态,在交流汇集网络中需要建设柔直输电系统,投资将会增加。柔直的技术成熟度、柔直系统与交流系统之间的协调运行是需要关注的技术问题。

(3)交流汇集接入、可再生能源自身支撑形态:维持以交流线路进行汇集和接入的方式,可再生能源电源改变控制策略实现自身提供电压支撑。可再生能源机组通过电力电子装置接入电网，电力电子装置可以采用不同的控制策略。当前阶段大多采用定 PQ 控制策略以保证可再生能源的高效送出，但这种策略无法提供电压支撑，以这种策略运行的可再生能源机组需要电网中有稳定的电压信号作为基础。而在未来电网中缺乏稳定的电压支撑时，定 PQ 控制策略下机组的运行将受到挑战。若机组本身可以提供电压支撑则可重新保证交流汇集电网的稳定运行。虚拟同步机(virtual synchronous generator, VSG)控制策略可以模拟同步发电机组的动态响应行为，使可再生能源机组提供一定的电压支撑。汇集网络内部分或全部机组采用此策略则可保证系统的电压支撑。为实现这种形态，需要改变可再生能源的运行策略，而新增建设投资较少。新运行策略下可再生能源机组的参数整定问题、海量小机组的电压支撑特性是需要关注的技术问题。

(4)柔直汇集接入形态：将当前以交流线路进行汇集和接入的方式改变为可再生能源直接经柔直线路汇集和接入的方式。这种方式充分发挥了柔直输电不需要强交流电压支撑的优点，彻底消除了汇集网络需要电压支撑的需求，且交流主网中的故障和扰动也将难以影响直流汇集网络的可靠运行。为实现这种形态，需要完全新建直流汇集和接入网络，投资较大，纯直流汇集网络的运行控制方式是需要关注的技术问题。

2. 案例分析

针对我国西北地区可再生能源大规模开发现状，分析上述若干形态的适用场景，如图 2-5、图 2-6 所示。

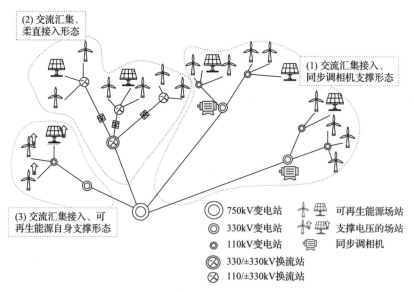

图 2-5　甘肃酒泉周边可再生能源汇集网络形态场景

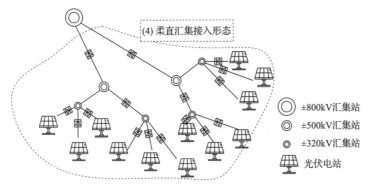

图 2-6　新疆喀什地区光伏汇集网络形态场景

（1）主干网络的电压支撑由于火电机组减少而减弱时，为保证现有交流汇集网络中的电压支撑，可以在原有汇集网络中加入同步调相机。

（2）对于新建的可再生能源电站及汇集网络，可以建设交流汇集网络配以直流输送线路，一方面柔直换流站可以作为汇集网络的电压支撑，另一方面柔直输电可以隔离主干网络的部分故障，保证可再生能源安全可靠地送出。

（3）对于汇集网络中风电场较少的情况，可以设置可再生能源机组采用 VSG 控制模式使其自身提供电压支撑。当提供电压支撑的可再生能源机组数目较多时，汇集网络的电压特性可能会发生变化，需要进一步研究。

（4）新疆喀什周边地区光伏资源丰富，但地域广阔且网络较弱，主干网络提供的电压支撑较弱，若汇集网络采用交流汇集，交流网络所需的电压支撑较大，此时开发可再生能源时可考虑直接配套新建柔直汇集网络，从而避免电压支撑问题。

现有工程中已有部分案例作为上述可能形态的典型示范，如张北柔性直流工程可视为交流汇集、柔直接入形态，此工程总投资 125 亿元，新建张北、康保、丰宁和北京 4 座换流站，额定电压为 ±500kV，额定输电能力为 450 万 kW。如东海上风电汇集网络的建设也有纯交流和交直流混合等方案，根据相关研究[1]，交流汇集与交直流汇集的部分方案经济性接近，整体而言交流汇集方案经济性较优，约为 121.42 亿元，而交直流汇集方案的投资成本在 165.10 亿～242.00 亿元。未来在构建汇集网络的相关形态方案时需要对不同方案进行详细的技术经济比选。

2.2.3　区域网络形态研判及案例分析

1. 形态研判

当可再生能源通过汇集网络传输至主干网络后，需要在主干网络中进行传输以实现空间供需平衡。区域电网是电力平衡和可再生能源消纳的关键平台，需要保证"电力实时平衡"以满足系统的基本运行，并在此基础上追求"可再生能源高效消纳"。

1)电力实时平衡

电力实时平衡是指在秒到分钟级尺度内,系统的功率扰动可以被及时补偿以保证安全稳定运行。电力实时平衡通过系统频率指标反映,系统频率需要维持在相对恒定的水平。

在当前发展阶段,系统中支撑电力实时平衡的主体是常规同步电源。同步机组既可以提供惯量以减缓系统频率变化速度,又可通过控制器实现分秒尺度输出功率的变化,主动提供实时调节能力。

在未来发展阶段,系统中常规电源将逐步被可再生能源替代,系统惯量及实时调节能力随之下降,作为电力实时平衡指标的系统频率将变化更快、波动更大,电力实时平衡更加难以控制。针对此问题,本节提出未来区域电网在维持电力实时平衡方面可能的形态方案(各形态的示意如图 2-7 所示)。

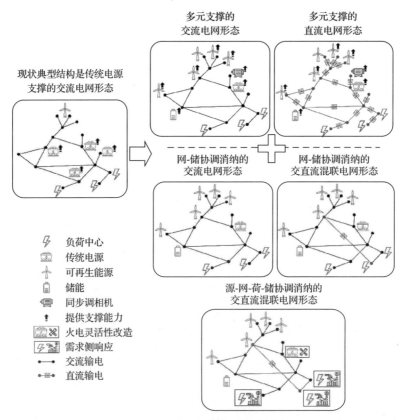

图 2-7　区域电网现状及未来形态

(1)多元支撑的交流电网形态:维持交流电网为主体,在此基础上,可以通过增加同步调相机提升系统惯量，同时考虑到同步调相机无机械功率注入，只能减缓系统频率变化速度，仍需其他元件提供电力实时调节能力保证电力实时平衡，故可通过风电、光伏等可再生能源电源或储能提供虚拟惯量及实时电力调节的支撑能力。为实现这种形态，需要在网络中增加同步调相机或者储能设备，投资将会增加，可再生能源电源、储能等提供实时支撑的运行模式、控制策略设定以及相互协调配合是需要关注的技术问题。

(2) 多元支撑的直流电网形态：考虑到当可再生能源渗透率极高时，系统中的同步机组将仅占很小比例，在此场景下是否仍需遵循同步机主导下的系统平衡模式进行电力实时平衡是学术界广泛争论的问题。而另外一种思路则是彻底改变原有基于同步机的平衡模式，"系统维持同步"不再是基础要求，各元件均基于电力电子设备接入系统，交流电网转变为直流电网，传统基于频率信号的实时平衡转变为基于电压信号的新的电力实时平衡控制。在直流电网下同样需要除传统同步机外的其他元件提供实时平衡支撑，如可再生能源电源、储能等。为实现这种形态，可能需要加装储能设备进而增加投资，除可再生能源电源、储能等提供实时支撑的运行模式、控制策略设定以及相互协调配合问题外，适用于直流电网的电力实时平衡控制方法也是需要关注的技术问题。

2) 可再生能源高效消纳

可再生能源的高效消纳是提升系统运行经济性的重要手段，也是系统清洁化发展的必然需求。而可再生能源机组与火电机组在运行特性上的区别，为系统的高效消纳带来了严峻挑战。在高比例可再生能源下，系统需要具有与可再生能源波动性和不确定性相匹配的更高的灵活调节能力以实现高效消纳。

在当前阶段，区域内部可再生能源比例较低，系统主要通过常规电源提供灵活调节能力。电网侧以交流电网为主体，通过保证传输容量实现灵活性的空间平衡。

而在未来，可再生能源比例显著上升，其波动性和不确定性会带来更高的灵活性需求。但火电机组将逐步被替代，电源侧可以提供的灵活性将有所下降，灵活性供需之间的差距将进一步加大。此时需要系统其他环节提供灵活性，参与可再生能源的高效消纳。针对此问题，本节提出未来区域电网在实现可再生能源高效消纳方面可能的形态方案(各形态的示意如图 2-7 所示)。

(1) 网-储协调消纳的交流电网形态：维持纯交流电网，一方面加强电网输送能力，另一方面配置储能，充分利用电网的空间平衡能力和储能的时间平衡能力，实现协调消纳。为实现这种形态，需要新建交流线路及储能设备从而增加投资，电网和储能的协调配置是需要关注的技术问题。

(2) 网-储协调消纳的交直流混联电网形态：交流电网中嵌入柔直输电，探索基于柔直可控特性提升潮流灵活调节能力的可能性，同时配置储能，实现交-直-储协调消纳。为实现这种形态，需要新建交流、柔直线路及储能设备，从而投资增加。交流、直流线路和储能的协调配置是需要关注的技术问题。

（3）源-网-荷-储协调消纳的交直流混联电网形态：在上一个形态方案的基础上，进一步考虑调动源、荷侧互动调节能力，在电源侧进行火电机组的灵活性改造提升调峰能力，在荷侧开展需求侧响应以主动平衡可再生能源波动性，实现交-直-储-源-荷的全环节协调。为实现这种形态，需要新建交流线路、柔直线路、储能设备，进行火电改造和需求侧响应配置，从而增加投资。交流线路、直流线路、储能、灵活性改造、需求侧响应等灵活性资源的协调配置是需要关注的技术问题。

同时需要注意的是，区域电网最终的形态需要同时满足"电力实时平衡"和"可再生能源高效消纳"，故最终形态是针对上述两点提出的形态特征的结合。

2. 案例分析

针对我国西北地区可再生能源大规模开发现状，下面分析上述形态的适用场景。

1）电力实时平衡相关形态

西北地区源荷情况及实时电力支撑能力如表2-3所示（表中的惯性常数以发电机本身容量为基值），负荷为127GW，负荷阻尼系数为1（即1%的频率变化引起1%的负荷功率变化），考虑系统负荷突增5%的预想事件，不同的可再生能源瞬时渗透率下，系统的电力实时平衡是否安全。所考虑的电源支撑场景分为两类，第一类中仅常规电源（火电）具备电力实时平衡的支撑能力，第二类中可再生能源同样支撑电力的实时平衡，其支撑能力与其发电功率成正比，假设可再生能源的支撑能力可等效为与其发电功率数值相同的煤电开机容量下火电机组支撑能力的一部分（40%、80%）。

表 2-3　西北地区源荷情况及实时电力支撑能力

电源	峰值负荷或装机/GW	惯性常数/s	调差系数/%
火电	164	5	5
气电	2.1	4	4
水电	39.1	3	4
风电	54.8	—	—
光伏发电	50.3	—	—

不同可再生能源瞬时渗透率下，系统在预想事件后的最低频率偏差变化情况如图 2-8 所示。可以看出，当可再生能源瞬时渗透率较低时，系统在预想事件后的最低频率偏差处于安全阈值之内。当仅有火电支撑电力实时平衡时，可再生能

源出力增加将导致火电机组开机减少，支撑能力下降，可再生能源出力占比超过 56%后系统在预想事件中难以保证频率安全。当可再生能源参与支撑电力实时平衡时，可再生能源的等效支撑能力越大，系统的频率偏差越小。当可再生能源可以等效同容量火电机组支撑能力的 80%时，在保证系统频率安全的前提下可再生能源瞬时渗透率可以达到 75%。此结果表明了高渗透率下多元支撑系统电力实时平衡的必要性。

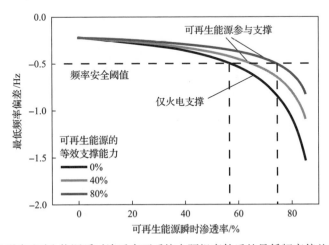

图 2-8 不同可再生能源瞬时渗透率下系统在预想事件后的最低频率偏差变化情况

需要说明的是，上述等效支撑能力的假设较为粗糙，需要进一步考虑可再生能源自身特性对其支撑能力进行精细化建模以得到更为准确的结果。

2) 可再生能源高效消纳相关形态

同样对西北地区电网进行分析，构建不同形态分析其消纳水平及经济性。这里采用基于西北电网构建的 38 节点系统进行形态构建[2]。对不同形态下的具体场景进行构建，如图 2-9、图 2-10 所示。对所构建的场景分析消纳水平，并计算投资成本分析经济性，结果如表 2-4 所示。

由表 2-4 可以看出，与交流电网形态相比，交直流混联电网形态可以降低可再生能源弃能率实现更高效的消纳，这可能是由于柔性直流输电的输电功率具有灵活调节能力，提升了电网的潮流调节能力。与网-储协调消纳的交流电网形态相比，网-储协调消纳的交直流混联电网形态在可再生能源弃能率相近的情况下，需要配置的交流和储能容量以及投资成本大幅降低，体现出电网中加入柔性直流输电的优越性。而与前两种形态相比，考虑源-网-荷-储的全环节协调消纳将显著降低可再生能源弃能率并提升消纳水平上限，反映了全环节协调消纳方案的优越性。

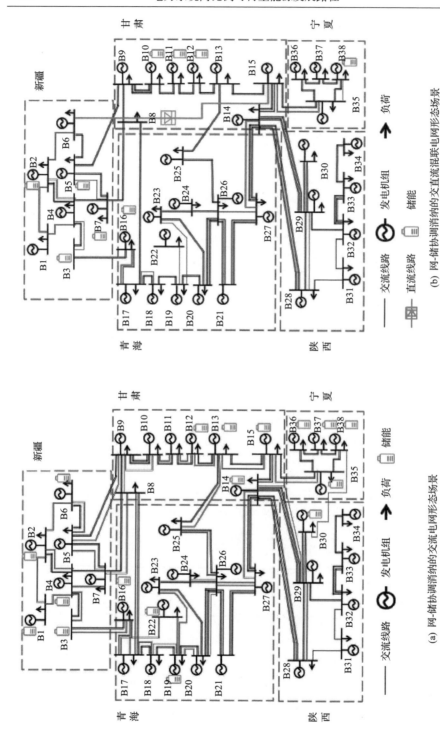

(a) 网-储协调消纳的交流电网形态场景

(b) 网-储协调消纳的交直流混联电网形态场景

图2-9　网-储协调消纳的交流电网形态场景和网-储协调消纳的交直流混联电网形态场景

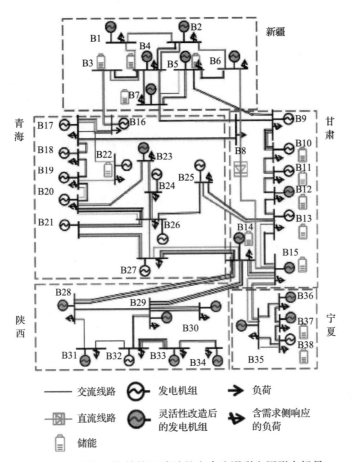

图 2-10　源-网-荷-储协调消纳的交直流混联电网形态场景

表 2-4　基于西北电网的可再生能源高效消纳形态分析

形态方案的关键指标	网-储协调消纳的交流电网形态	网-储协调消纳的交直流混联电网形态	源-网-荷-储协调消纳的交直流混联电网形态
可再生能源弃能率	0.20	0.18	0.06
交流配置/MW	170000	62500	80000
直流配置/MW	0	10000	10000
储能配置/MW	9568	4680	7190
灵活性改造配置/MW	0	0	36240
需求侧响应配置/MW	0	0	5530
投资成本/(百万美元/年)	1630	854	1340

2.2.4 跨区互联形态研判及案例分析

1. 形态研判

全国层面，源荷分布不均匀是我国电网的基本特征，西电东送的跨区平衡基本格局仍将保持不变。为充分利用西部地区丰富的可再生能源，西部地区可再生能源的发展速度将大于当地负荷增速，西电东送容量将进一步加强。

当前阶段，东西部之间通过大容量常规直流输电系统进行互联，存在"强直弱交"的问题，具体表现为单一直流线路输送功率较大进而其故障时将对交流系统带来较大冲击影响安全稳定，以及多常规直流馈入受端系统带来多回直流换相失败风险进而可能引发大面积停电，同时，由于东西部之间传输总容量较大，线路回数多，未来可能出现电走廊面积不足的问题。针对上述问题，提出未来跨区互联电网可能的形态方案（各形态的示意如图 2-11 所示）。

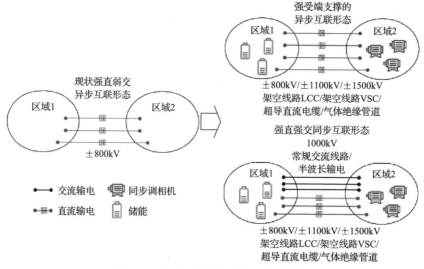

图 2-11　跨区互联电网现状及未来形态

LCC 表示换相换流器

(1) 强受端支撑的异步互联形态：区域之间保持直流异步互联，针对多直流馈入问题，可以在受端系统加装同步调相机提升电压支撑进而降低多直流同时闭锁风险，也可以改变输电方式，将常规直流输电改为柔性直流输电或混合直流输电，同样可以降低多回直流同时闭锁风险。进一步，考虑土地资源约束，提升直流输电电压等级（如 ±1100kV/±1500kV）和输送容量，或者采用超导直流电缆、气体绝缘管道输电方式，这两种方式都不占用输电走廊。为实现这种形态，需要新建更高电压等级的输电线路或电缆，更高电压等级线路及超导直流电缆、气体绝缘管道输电的技术成熟度是需要关注的技术问题。

(2)强直强交同步互联形态：针对"强直弱交"问题，除了上述以异步互联形态下加强受端电网电压支撑的思路外，也可以通过跨区交流互联实现受端和送端电网的同步运行进而加强交流电网。考虑一种方案为采用特高压交流架空线路进行远距离互联，该方案需要在线路沿途配置大量电压支撑设备；另一种方案为采用半波长输电技术，即保证输电距离为电磁波的半个波长(3000km)左右，这种输电方式不需要无功补偿且电气阻抗近似为 0，可以拉近同步电网之间的电气距离，加强同步电网。另外，直流输电的加强仍可以基于方案(1)中的分析，采用更高电压等级或者新型远距离大容量输电技术实现。为实现这种形态，需要新建更高电压等级的输电线路或电缆，更高电压等级线路及包含半波长输电等的新型远距离大容量输电技术的成熟度是需要关注的技术问题。

另外，考虑到远距离输电的运行方式及相关的投资运行经济性，对于远距离输电的运行方式，可以保持输电线上功率相对平稳以提升通道利用率，但是需要在送端加装储能设备实现功率平稳；也可以允许输电线上的功率有较大波动，主要依靠稠密的受端电网内部资源实现灵活调节。

2. 案例分析

针对我国西北地区与华东华中地区之间的互联情况，分析上述若干形态的适用场景。首先将未来远距离大容量输电可能采用的方式罗列于表 2-5。

表 2-5　远距离大容量输电方式比较

输电方式	输电容量/MW	走廊宽度/m
±800kV 常规直流线路	8000	36
±1100kV 常规直流线路	12000	45
±1500kV 常规直流线路	20000	60
±800kV 柔性直流线路	8000	36
±800kV 超导直流电缆输电	16000~80000	0(地下)
±800kV 气体绝缘管道输电	>8000	0(地下)
1000kV 半波长输电	5600	45
1000kV 常规交流输电	5000~10000	45

根据国家发展改革委的相关研究[3]，2050 年东西部之间传输容量将达到 200GW。西北到华东地区的距离在 2500~3000km。以此为边界条件进行形态场景构建，如图 2-12、图 2-13 所示。需要说明的是图中的线路条数不代表实际回路数。

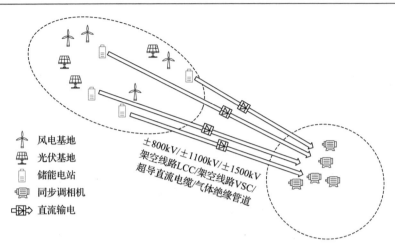

图 2-12　强受端支撑的异步互联形态场景

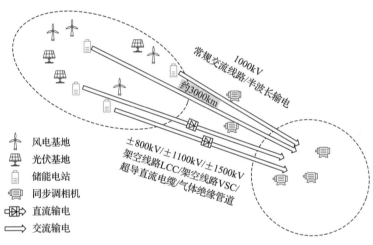

图 2-13　强直强交同步互联形态场景

　　假设输电通道的平均长度为 2500km，分析以上两种形态场景的土地占用情况，如表 2-6、表 2-7 所示。括号中的百分比为与±800kV 常规直流相比的土地节约比例。由表 2-6 可以看出，采用更高电压等级的架空输电线路可以减少土地占用，采用±1100kV 常规直流可节省土地 15%，采用±1500kV 常规直流可以节省土地 33%。柔性直流输电与常规直流输电仅在变流方式上有差别而在输送线路上无差别，故其不会节省土地。超导直流输电和气体绝缘管道输电由于采用地下输电方式不会占用土地。对比表 2-6 和表 2-7 可以看出，由于在相近电压等级下直流输电的输送容量更大而其与交流输电占用的走廊宽度相近，故采用交直流混合输电后整体土地占用将比纯直流输电有所增加。

表 2-6　强受端支撑的异步互联形态场景土地占用情况

互联方式	所需回路数	土地占用/km²
±800kV 常规直流	25	2250
±1100kV 常规直流	17	1912.5 (−15%)
±1500kV 常规直流	10	1500 (−33%)
±800kV 柔性直流	25	2250 (−0%)
±800kV 超导直流	4	0 (−100%)
±800kV 气体绝缘管道输电	<25	0 (−100%)

表 2-7　强直强交同步互联形态场景土地占用情况

	互联方式	所需回路数	单项土地占用/km²	交直流土地占用之和/km²
交流输电方式	1000kV 常规交流输电	18	2025	—
	1000kV 半波长输电	18	2025	—
直流输电方式	±800kV 常规直流	13	1170	3195
	±1100kV 常规直流	9	1012.5	3037.5 (−5%)
	±1500kV 常规直流	5	750	2775 (−13%)
	±800kV 柔性直流	13	1170	3195 (−0%)
	±800kV 超导直流	4	0	2025 (−37%)
	±800kV 管道绝缘输电	<13	0	2025 (−37%)

综上所述,本节以未来电网发展的高比例可再生能源驱动为切入点,比较了可再生能源电源与传统火电机组在结构特性和运行特性上的区别,分析了电网现状形态在高比例可再生能源接入后面临的问题,并针对性地提出了高比例可再生能源下汇集接入网络、区域网络、跨区互联的多样化未来形态,进一步以西北电网为例,从经济性和技术性上比较了各种可能形态的适用场景。可以看出,现状电网将难以适应未来高比例可再生能源的接入,电网形态的转变成为必然,但由于各种技术特性差异及未来技术发展的成熟度难以确定,电网形态的转变方向具有多样化特征。

2.3　计及可再生能源短尺度频率支撑的中-短期耦合平衡

2.3.1　短尺度频率安全问题在电力电量平衡中的嵌入

在可再生能源主导之下,系统短尺度调节能力下降带来短尺度频率安全问题,且可再生能源短尺度波动性上升，电力电量平衡模式需计及短尺度平衡。本节给出计及短尺度频率安全的电力电量平衡方法。

考虑短尺度频率安全的电力电量平衡分析方法如图 2-14 所示。在电力电量平衡中保证频率安全的核心思想是在平衡中预留足够备用，以保证在预想的频率事件发生后系统的频率稳定。其基本思路为首先建立系统的功率-频率动态特性方程，其中包含所有参与频率响应的系统元件。之后对这些元件的频率响应策略进行建模，即元件的功率-频率动态特性方程。将以上系统级和元件级功率-频率动态特性方程联立，推导出系统频率变化的解析表达式，并进一步推导频率安全关键指标的解析表达。最后将频率安全关键指标的表达式以约束的形式嵌入到传统的日尺度电力电量平衡模型中，以在元件出力安排中考虑预想事件后的频率安全。

图 2-14　考虑短尺度频率安全的电力电量平衡分析方法

可再生能源作为未来的主力电源，其接替传统电源提供支撑能力成为目前广泛研究的技术思路[4-6]。巴西和加拿大等国家已明确要求风电提供频率支撑[4]，故本节以考虑风电和常规同步机组的频率支撑为例，介绍考虑短尺度频率安全的电力电量平衡方法。

(1)建立系统的功率-频率动态特性方程。基于文献[7]，考虑风电的频率响应，系统的功率-频率动态特性方程可以表示为

$$2H^{G}\Delta\dot{f}(\tau) + D \cdot \Delta f(\tau) = \Delta P^{G}(\tau) + \Delta P^{W}(\tau) - \Delta P \tag{2-4}$$

式中，H^{G} 为常规机组提供的惯性；D 为负荷的阻尼系数(单位频率变化量对应的负荷变化量的标幺值)；ΔP^{G} 为同步机组的频率响应功率；ΔP^{W} 为风电机组的频率响应功率；ΔP 为系统瞬时的功率变化量；Δf 和 $\Delta\dot{f}$ 分别为系统的频率变化量和频率变化率；τ 为时间参数。

(2)电源、负荷的频率响应策略建模。负荷的频率响应特性已在式(2-4)中表示。对同步机组和风电场的响应策略做如下假设。

由于风电机组转子本身具有动能，可以在正常时运行于最大功率追踪模式并在频率事件发生后通过释放转子动能提供临时功率支撑，并在一段时间后从系统中吸收功率恢复转子动能，也可以在正常时运行于降载模式，预留长期功率备用以便在频率事件中提供响应[8]，图 2-15 在风电机组的功率-转速曲线图上展示了风

电机组的两种频率支撑能量来源，图中 P^W 为风电机组有功功率，P_{0_opt} 为最优运行点，P_{0_sub} 为次优运行点，ω_{r_min} 为转子最低转速，ω_{0_opt} 为转子最优转速，ω_{0_sub} 为次优运行点对应的转子转速，P_{opt} 为最优"转速-功率"曲线，$P_{sub-opt}$ 为次优"转速-功率"曲线。而且由于风电机组的出力由电力电子设备控制，可自定义响应策略[8]，本节假设风电按预设曲线响应频率事件。另外，假设同步机组以线性功率增量曲线响应频率事件，该假设与文献[9]～[11]中相同。综上，本节提出考虑风电机组临时功率支撑、长期功率备用及与同步机协同响应频率事件的综合策略，如图 2-16 所示。一部分风电机组以临时能量支撑的形式在频率事件发生后立即提供响应，并在一段时间后吸收功率恢复转子转速。此时，另一部分风电机组释放长期备用能量以提供稳定的支撑功率。同时，同步机组在频率事件发生后立即提供频率响应，达到最大响应功率后保持稳定。这种协调策略可以避免风电机组吸收功率时导致的频率二次跌落。

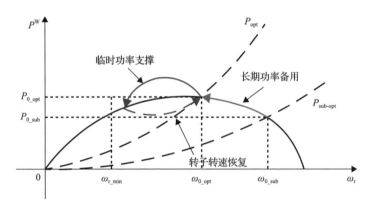

图 2-15　风电机组的两种频率支撑能量来源[8]

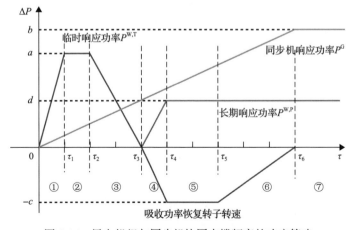

图 2-16　风电机组与同步机协同支撑频率的响应策略

将图 2-16 表示的频率策略解析地表示为式(2-5)，系统的频率响应共分为 7 个阶段，假设 $\tau_1 \sim \tau_6$ 取值分别为 1s、2s、4s、5s、7s、10s。

$$P^{\mathrm{R}}(\tau) = \begin{cases} \left(\dfrac{a}{\tau_1} + \dfrac{b}{\tau_6}\right)\tau, \ \tau \in [0, \tau_1) \\[2mm] a + \dfrac{b}{\tau_6}\tau, \ \tau \in [\tau_1, \tau_2) \\[2mm] a - \dfrac{a}{\tau_3 - \tau_2}(\tau - \tau_2) + \dfrac{b}{\tau_6}\tau, \ \tau \in [\tau_2, \tau_3) \\[2mm] -\dfrac{c+d}{\tau_4 - \tau_3}(\tau - \tau_3) + \dfrac{b}{\tau_6}\tau, \ \tau \in [\tau_3, \tau_4) \\[2mm] -c + d + \dfrac{b}{\tau_6}\tau, \ \tau \in [\tau_4, \tau_5) \\[2mm] -c + \dfrac{c}{\tau_6 - \tau_5}(\tau - \tau_5) + d + \dfrac{b}{\tau_6}\tau, \ \tau \in [\tau_5, \tau_6) \\[2mm] b + d, \ \tau \in [\tau_6, \tau_7) \end{cases} \tag{2-5}$$

式中，$P^{\mathrm{R}}(\tau)$ 为系统总的功率增量；τ_7 为调频结束时间。

（3）推导系统频率变化解析式。将式 (2-5) 代入式 (2-4)，以 $P^{\mathrm{R}}(\tau)$ 替代 $\Delta P^{\mathrm{G}}(\tau) + \Delta P^{\mathrm{W}}(\tau)$，并基于初始条件 $\Delta f(0) = 0$，逐阶段求解 $\Delta f(\tau)$。

（4）推导频率安全关键指标解析式。通常频率安全的关键指标为最大频率变化率（rate of change of frequency, RoCoF）、最大频率偏差、稳态频率偏差[9,10]。

系统最大频率变化率出现在频率事件发生的初始时刻。在实际中，最大频率变化率通常基于频率事件发生后一个很短时间内的测量值得到，如 0.5s 时刻测量频率变化量以计算最大频率变化率[10]。将测量时刻记为 τ^{R}，计算此时的频率偏差 $\Delta f(\tau^{\mathrm{R}})$，如式(2-6)所示。其为关于频率支撑参数 a、b、H^{G} 的非线性表达式。

$$\Delta f(\tau^{\mathrm{R}}) = [a\tau_6\tau^{\mathrm{R}}\mathrm{DPL} - 2aH^{\mathrm{G}}\tau_6 + b\tau_1\tau^{\mathrm{R}}\mathrm{DPL} - 2bH^{\mathrm{G}}\tau_1 - \mathrm{DPL}\tau_1\tau_6\Delta P$$
$$+ \mathrm{e}^{\frac{-\tau^{\mathrm{R}}\mathrm{DPL}}{2H^{\mathrm{G}}}}(2aH^{\mathrm{G}}\tau_6 + 2bH^{\mathrm{G}}\tau_1 + \mathrm{DPL}\tau_1\tau_6\Delta P)] / [(\mathrm{DPL})^2\tau_1\tau_6] \tag{2-6}$$

式中，DPL 为功率-频率下垂系数。

系统稳态频率偏差为系统在响应的第 7 阶段中频率变化率为 0 时对应的频率变化量。基于此条件，可以推导得到稳态频率偏差的表达式：

$$\Delta f^{\mathrm{ss}} = [\Delta P - (b+d)] / \mathrm{DPL} \tag{2-7}$$

系统最大频率偏差可能发生在图 2-16 中的任何阶段，故需要对每个阶段 (stage) 求解式 (2-8) 并得到系统最大频率偏差 Δf_{nad} 及对应的发生时刻 τ_{nad}，记为式 (2-9) 和式 (2-10)。

$$\mathrm{d}\Delta f^{(\mathrm{stage})} \big/ \mathrm{d}\tau = 0 \tag{2-8}$$

$$\Delta f_{\mathrm{nad},t}^{(\mathrm{stage})} = h_{\mathrm{fnad}}^{(\mathrm{stage})}(a,b,H^{\mathrm{G}}) \tag{2-9}$$

$$\tau_{\mathrm{nad},t}^{(\mathrm{stage})} = h_{\mathrm{tnad}}^{(\mathrm{stage})}(a,b,H^{\mathrm{G}}) \tag{2-10}$$

式中，$\Delta f^{(\mathrm{stage})}$ 为某个阶段的频率偏差；$h_{\mathrm{tnad}}^{(\mathrm{stage})}$ 和 $h_{\mathrm{fnad}}^{(\mathrm{stage})}$ 分别为 $\tau_{\mathrm{nad},t}^{(\mathrm{stage})}$ 和 $\Delta f_{\mathrm{nad},t}^{(\mathrm{stage})}$ 关于系统频率响应参数 (a,b,H^{G}) 的非线性函数。

(5) 将频率安全关键指标作为约束嵌入日尺度电力电量平衡模型。由式 (2-6)~式 (2-10) 可知，系统稳态频率偏差为频率响应参数的线性函数，而系统的最大频率变化率和最大频率偏差则为频率响应参数的非线性函数。由于非线性规划难以求解，故需要对以上表达式进行线性化以构建约束嵌入日尺度电力电量平衡的优化模型。分段线性化方法如下。

①在由频率响应参数 (a,b,H^{G}) 组成的空间 $\mathbb{R}$ 中进行抽样，并在每个抽样点计算 $\Delta f(\tau^{\mathrm{R}})$、$\tau_{\mathrm{nad},t}^{(\mathrm{stage})}$、$\Delta f_{\mathrm{nad},t}^{(\mathrm{stage})}$。

②将空间 $\mathbb{R}$ 划分为一系列子空间 $\mathbb{R}^s$，s 为子空间编号。在每个子空间，通过求解式 (2-11) 进行非线性拟合。

$$\min \sum_{i \in \mathbb{R}^s} \left[k_{1,s}a_i + k_{2,s}b_i + k_{3,s}H_i^{\mathrm{G}} + k_{4,s} - g(a_i,b_i,H_i^{\mathrm{G}}) \right]^2 \tag{2-11}$$

式中，i 为子空间 $\mathbb{R}^s$ 中的点；$k_{1,s} \sim k_{4,s}$ 为拟合参数；$g(a_i,b_i,H_i^{\mathrm{G}})$ 为关于 $(a_i,b_i,H_i^{\mathrm{G}})$ 的非线性曲面，可以表示 $\Delta f(\tau^{\mathrm{R}})$、$\tau_{\mathrm{nad},t}^{(\mathrm{stage})}$ 或 $\Delta f_{\mathrm{nad},t}^{(\mathrm{stage})}$。

③将非线性函数用其线性近似替代，通过引入辅助变量 z_s、z_s'、z_s''、λ_s、λ_s'、λ_s'' 实现，具体数学方法如式 (2-12)~式 (2-23) 所示。

$$g(a,b,H^{\mathrm{G}}) = \sum_s z_s \tag{2-12}$$

$$z_s' + (\lambda_s - 1)M \leqslant z_s \leqslant z_s' + (1 - \lambda_s)M, \quad \forall s \tag{2-13}$$

$$-\lambda_s M \leqslant z_s \leqslant \lambda_s M, \quad \forall s \tag{2-14}$$

$$z_s'' + (\lambda_s' - 1)M \leqslant z_s' \leqslant z_s'' + (1 - \lambda_s')M, \quad \forall s \tag{2-15}$$

$$-\lambda_s' M \leqslant z_s' \leqslant \lambda_s' M, \quad \forall s \tag{2-16}$$

$$\begin{aligned} (k_{1,s}a + k_{2,s}b + k_{3,s}H^{\mathrm{G}} + k_{4,s}) + (\lambda_s'' - 1)M & \\ \leqslant z_s'' \leqslant (k_{1,s}a + k_{2,s}b + k_{3,s}H^{\mathrm{G}} + k_{4,s}) + (1 - \lambda_s'')M, \quad \forall s \end{aligned} \tag{2-17}$$

$$-\lambda_s'' M \leqslant z_s'' \leqslant \lambda_s'' M, \quad \forall s \tag{2-18}$$

$$\sum_s \lambda_s \underline{a}_s \leqslant a \leqslant \sum_s \lambda_s \overline{a}_s \tag{2-19}$$

$$\sum_s \lambda_s' \underline{b}_s \leqslant b \leqslant \sum_s \lambda_s' \overline{b}_s \tag{2-20}$$

$$\sum_s \lambda_s'' \underline{H}_s^{\mathrm{G}} \leqslant H^{\mathrm{G}} \leqslant \sum_s \lambda_s'' \overline{H}_s^{\mathrm{G}} \tag{2-21}$$

$$\sum_s \lambda_s = \sum_s \lambda_s' = \sum_s \lambda_s'' = 1 \tag{2-22}$$

$$\lambda_s, \lambda_s', \lambda_s'' \in \{0,1\}, \quad \forall s \tag{2-23}$$

式中，M 为一个较大的数；$\underline{a}_s$ 和 $\overline{a}_s$ 分别为参数 a 在子空间 $\mathbb{R}^s$ 的下界和上界；$\underline{b}_s$、$\overline{b}_s$、$\underline{H}_s^{\mathrm{G}}$、$\overline{H}_s^{\mathrm{G}}$ 同样为对应参数的下界和上界。

同时还要注意，在频率响应的各个阶段计算得到的最大频率偏差发生时刻 $\tau_{\mathrm{nad}}^{(\mathrm{stage})}$ 的值并不一定落在该时段内。只有当 $\tau_{\mathrm{nad}}^{(\mathrm{stage})}$ 的值落在其所属的时段内时，在该阶段内的最大频率偏差表达式才起作用。为实现此条件，引入辅助变量 υ、η 和 y 并构建式(2-24)～式(2-33)。

$$\tau_{\mathrm{nad}}^{(\mathrm{stage})} = \sum_{j=1}^{7} \upsilon_j^{(\mathrm{stage})}, \quad \forall \mathrm{stage} \tag{2-24}$$

$$0 \leqslant \upsilon_1^{(\mathrm{stage})} \leqslant \tau_1, \quad \forall \mathrm{stage} \tag{2-25}$$

$$0 \leqslant \upsilon_j^{(\mathrm{stage})} \leqslant y_{j-1}^{(\mathrm{stage})}(\tau_j - \tau_{j-1}), \quad \forall \mathrm{stage}, 2 \leqslant j \leqslant 6 \tag{2-26}$$

$$0 \leqslant \upsilon_7^{(\mathrm{stage})} \leqslant y_6^{(\mathrm{stage})}M, \quad \forall \mathrm{stage} \tag{2-27}$$

$$\upsilon_1^{(\mathrm{stage})} / \tau_1 \geqslant y_1^{(\mathrm{stage})}, \quad \forall \mathrm{stage} \tag{2-28}$$

$$\upsilon_j^{(\mathrm{stage})} / (\tau_j - \tau_{j-1}) \geqslant y_j^{(\mathrm{stage})}, \quad \forall \mathrm{stage}, 2 \leqslant j \leqslant 6 \tag{2-29}$$

$$m-1-(1-\eta_m^{(\text{stage})})M \leqslant \sum_{j=1}^{6} y_j^{(\text{stage})} \leqslant m-1+(1-\eta_m^{(\text{stage})})M, \tag{2-30}$$

$$\forall \text{stage}, m \in \{1,2,3,4,5,6,7\}$$

$$\sum_{m=1}^{7} \eta_m^{(\text{stage})} = 1, \quad \forall \text{stage} \tag{2-31}$$

$$y_j^{(\text{stage})}, \eta_m^{(\text{stage})} \in \{0,1\}, \quad \forall j, m \tag{2-32}$$

$$\Delta f_{\text{nad}}^{(\text{stage})} \geqslant \Delta f_{\text{nad}}^{\min} - (1-\eta_{\text{stage}}^{(\text{stage})})M, \quad \forall \text{stage} \tag{2-33}$$

式中，$\Delta f_{\text{nad}}^{\min}$ 为系统允许出现的最低频率偏差。

2.3.2　含频率安全约束及可再生能源调频的电力电量平衡模型

本节建立考虑频率安全的机组组合模型实现电力电量平衡。目标函数为最小化开机成本、发电成本和切负荷惩罚成本之和：

$$\min \sum_{t=1}^{N_T} \sum_{g=1}^{N_G} (c_g^{\text{G,SU}} u_{g,t}^{\text{G}} + c_g^{\text{G}} P_{g,t}^{\text{G}}) + \theta^{\text{L}} \sum_{t=1}^{N_T} \sum_{n=1}^{N_N} P_{n,t}^{\text{L,Cur}} \tag{2-34}$$

式中，$u_{g,t}^{\text{G}}$ 和 $P_{g,t}^{\text{G}}$ 分别为发电机 g 在 t 时刻的开机指示 0-1 变量和发电功率，$u_{g,t}^{\text{G}}$ 等于 1 时表示机组启动；$c_g^{\text{G,SU}}$ 和 c_g^{G} 分别为对应的机组启动成本和单位发电成本；$P_{n,t}^{\text{L,Cur}}$ 为节点 n 的切负荷量；θ^{L} 为切负荷对应的单位惩罚成本；N_T 为时刻数量；N_G 为发电机数量；N_N 为节点数量。

系统运行约束如式(2-35)~式(2-52)所示。

电力平衡约束：

$$\sum_{g=1}^{N_G} P_{g,t}^{\text{G}} + \sum_{w=1}^{N_W} (P_{w,t}^{\text{W,F}} - P_{w,t}^{\text{W,C}}) = \sum_{n=1}^{N_N} (P_{n,t}^{\text{L}} - P_{n,t}^{\text{L,Cur}}), \quad \forall t \tag{2-35}$$

式中，$P_{w,t}^{\text{W,F}}$ 和 $P_{w,t}^{\text{W,C}}$ 分别为可再生能源场站 w 在时刻 t 的预测功率和弃风弃光功率；$P_{n,t}^{\text{L}}$ 为负荷功率；N_W 为可再生能源场站数量。

常规机组功率范围约束：

$$x_{g,t}^{\text{G}} P_g^{\text{G,min}} \leqslant P_{g,t}^{\text{G}} \leqslant x_{g,t}^{\text{G}} P_g^{\text{G,max}}, \quad \forall g, \forall t \tag{2-36}$$

式中，$x_{g,t}^{\text{G}}$ 为表示常规机组启停状态的 0-1 变量，其等于 1 表示机组处于运行状态；$P_g^{\text{G,max}}$ 和 $P_g^{\text{G,min}}$ 分别为机组最大、最小出力。

常规机组启停约束：

$$x_{g,t}^{G} - x_{g,t-1}^{G} = u_{g,t}^{G} - v_{g,t}^{G}, \quad \forall g,t \geqslant 2 \tag{2-37}$$

$$x_{g,t}^{G} \geqslant \sum_{\tau=1}^{T_g^{G,on}} u_{g,t-\tau}^{G}, \quad \forall g, \forall t \tag{2-38}$$

$$x_{g,t}^{G} \leqslant 1 - \sum_{\tau=1}^{T_g^{G,off}} v_{g,t-\tau}^{G}, \quad \forall g, \forall t \tag{2-39}$$

式中，$v_{g,t}^{G}$ 为表示机组停机的 0-1 变量，其为 1 表示此时刻机组由运行转为停机；$T_g^{G,on}$ 和 $T_g^{G,off}$ 分别为系统的最小启动持续时间和最小停机持续时间。

常规机组爬坡约束：

$$P_{g,t}^{G} - P_{g,t-1}^{G} \leqslant x_{g,t-1}^{G} \Delta P_g^{G,Ru} + u_{g,t}^{G} P_g^{G,min}, \quad \forall g, \forall t \tag{2-40}$$

$$P_{g,t-1}^{G} - P_{g,t}^{G} \leqslant x_{g,t}^{G} \Delta P_g^{G,Rd} + v_{g,t}^{G} P_g^{G,min}, \quad \forall g, \forall t \tag{2-41}$$

式中，$\Delta P_g^{G,Ru}$ 和 $\Delta P_g^{G,Rd}$ 分别为机组的上爬坡速率极限和下爬坡速率极限。

电力平衡约束：

$$P_t = M^{G} P_t^{G} + M^{W}(P_t^{W,F} - P_t^{W,C}) - (P_t^{L} - P_t^{L,Cur}), \quad \forall t \tag{2-42}$$

$$1^{T} P_t = 0, \quad \forall t \tag{2-43}$$

式中，P_t 为 t 时刻各节点注入功率组成的向量，类似地，P_t^{G}、$P_t^{W,F}$、$P_t^{W,C}$、P_t^{L}、$P_t^{L,Cur}$ 分别为 t 时刻各对应功率组成的向量；M^{G} 为系统的节点-发电机关联向量，其行数为系统节点数，列数为系统常规机组数；M^{W} 为系统的节点-可再生能源场站关联向量；1^{T} 为一个所有元素全为 1 的行向量，其维度等于系统的节点数。

线路潮流约束：

$$-F^{L,max} \leqslant GP_t \leqslant F^{L,max}, \quad \forall t \tag{2-44}$$

式中，$F^{L,max}$ 为系统中所有线路的容量组成的向量；G 为潮流转移分布因子矩阵，其行数为系统中线路的数量，列数为系统中节点的数量。

系统备用约束：

$$\sum_{g=1}^{N_G} x_{g,t}^{G} P_g^{G,max} + \sum_{w=1}^{N_W} P_{w,t}^{W,F} \geqslant (1+r^{L}) \sum_{n=1}^{N_N} P_{n,t}^{L} + r^{W} \sum_{w=1}^{N_W} P_{w,t}^{W,F}, \quad \forall t \tag{2-45}$$

式中，r^{L} 和 r^{W} 分别为系统的负荷备用率和可再生能源备用率。式(2-45)表示系统的发电容量应大于或等于考虑负荷备用和可再生能源备用需求的总功率。

可再生能源弃能约束：

$$0 \leqslant P_{w,t}^{\mathrm{W,C}} \leqslant P_{w,t}^{\mathrm{W,F}}, \quad \forall w \in \Omega^{\mathrm{W,T}}, \quad \forall t \tag{2-46}$$

$$0.1 P_{w,t}^{\mathrm{W,F}} \leqslant P_{w,t}^{\mathrm{W,C}} \leqslant P_{w,t}^{\mathrm{W,F}}, \quad \forall w \in \Omega^{\mathrm{W,P}}, \quad \forall t \tag{2-47}$$

式中，$\Omega^{\mathrm{W,T}}$ 和 $\Omega^{\mathrm{W,P}}$ 分别为提供临时功率支撑的风电场的集合以及提供长期功率备用的风电场的集合。这里还假设风电场降载 10% 以提供长期功率备用。

系统频率支撑参数约束：

$$0 \leqslant a_t \leqslant \sum_{w \in \Omega^{\mathrm{W,T}}} k_w^{\mathrm{W,T}} (P_{w,t}^{\mathrm{W,F}} - P_{w,t}^{\mathrm{W,C}}), \quad \forall t \tag{2-48}$$

$$0 \leqslant b_t \leqslant \sum_{g=1}^{N_{\mathrm{G}}} k_g^{\mathrm{G}} x_{g,t}^{\mathrm{G}} P_g^{\mathrm{G,max}}, \quad \forall t \tag{2-49}$$

$$b_t \leqslant \sum_{g=1}^{N_{\mathrm{G}}} x_{g,t}^{\mathrm{G}} P_g^{\mathrm{G,max}} - \sum_{g=1}^{N_{\mathrm{G}}} P_{g,t}^{\mathrm{G}}, \quad \forall t \tag{2-50}$$

$$0 \leqslant d_t \leqslant \sum_{w \in \Omega^{\mathrm{W,P}}} k_w^{\mathrm{W,P}} P_{w,t}^{\mathrm{W,C}}, \quad \forall t \tag{2-51}$$

$$d_t = (\tau_2 + \tau_3 - \tau_1)/(\tau_6 + \tau_5 - \tau_3 - \tau_4) \cdot a_t, \quad \forall t \tag{2-52}$$

式中，a_t、b_t、d_t 对应图 2-16 中响应的频率支撑参数，分别为频率事件中风电临时响应功率最大值、同步机响应功率最大值、风电长期响应功率最大值；$k_w^{\mathrm{W,T}}$ 为风电运行功率与其能提供的最大临时功率支撑之间的系数；k_g^{G} 为同步机组的容量与其最大频率响应功率之间的系数；$k_w^{\mathrm{W,P}}$ 为风电弃能功率与其能提供的最大长期功率备用之间的系数。式(2-48)约束了提供临时功率支撑的风电机组的最大响应功率，式(2-49)和式(2-50)约束了同步机组提供的最大频率响应功率，式(2-51)约束了提供长期功率备用的风电机组的最大响应功率。同时，考虑临时功率支撑的机组提供的支撑能量与吸收的能量相等，并考虑其吸收的功率与长期功率备用风电机组提供的功率相等以避免频率二次跌落，基于图 2-16 计算面积，可以推导得到式(2-52)。

最后，对频率指标表达式(式(2-6)、式(2-12)～式(2-23)、式(2-24)～式(2-33))进行修改，将 (a,b,H^{G}) 替换为 $(a_t,b_t,H_t^{\mathrm{G}})$，并将考虑各指标不超过安全阈值，实现对电力电量平衡的各时刻 t 构建频率约束。

2.3.3 算例分析

本节采用一个简化的中国某省级电网系统验证所提方法，系统拓扑如图 2-17 所示。系统内共含有 10.9GW 火电和 8GW 风电，峰值负荷为 10.1GW。系统的详细参数见文献[12]。

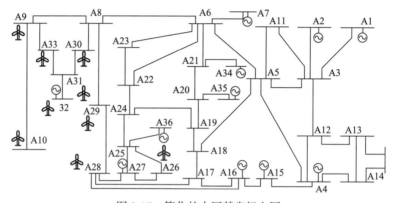

图 2-17　简化的中国某省级电网

假设系统的频率事件为负荷突然增加 5%，系统频率的安全阈值为最大频率变化率为 0.5Hz/s，最大频率偏差为–0.8Hz，稳态频率偏差为–0.5Hz[10]。

对一个典型日做运行模拟，火电开机容量结果如图 2-18 所示。可以看出当考虑频率约束后，火电机组的在线容量不小于不考虑频率安全约束下的运行模拟结果。这是因为更多的火电机组在线容量可以保证更高的频率响应能力。

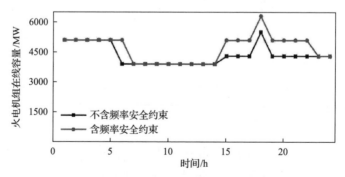

图 2-18　典型日运行模拟结果：火电开机容量

为进一步探究频率约束及可再生能源调频对电力电量平衡的影响，以原始系统中风电的容量为参考，分别乘以 0 到 1 之间不同的系数，得到不同风电装机容量的系统，并进行运行模拟，得到可再生能源电量渗透率情况，如图 2-19 所示。可以看出，与不考虑频率安全约束的电力电量平衡相比，可再生能源电量渗透率有所下降。而且若只考虑传统同步机参与调频，可再生能源电量渗透率下降明显。这是由于火电机组需要维持较高的开机容量保证频率安全，进而导致火电出力增多，可再生能源出力空间减小。而当可再生能源也参与调频时，系统对火电的调频支撑需求有一部分被可再生能源取代，火电不需要大量开机，可再生能源仍有发电空间。

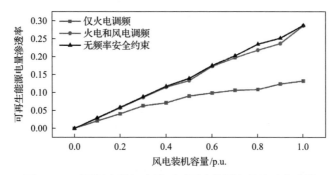

图 2-19　不同风电装机容量下可再生能源电量渗透率比较

参 考 文 献

[1] 徐进, 韦古强, 金逸, 等. 江苏如东海上风电场并网方式及经济性分析[J]. 高电压技术, 2017, 43 (1): 74-81.

[2] Zhuo Z, Zhang N, Yang J, et al. Transmission expansion planning test system for AC/DC hybrid grid with high variable renewable energy penetration[J]. IEEE Transactions on Power Systems, 2019, 35 (4): 2597-2608.

[3] 国家发展和改革委员会能源研究所. 中国 2050 高比例可再生能源发展情景暨途径研究[R]. 北京: 国家发展和改革委员会能源研究所, 2015.

[4] Karbouj H, Rather Z H, Flynn D, et al. Non-synchronous fast frequency reserves in renewable energy integrated power systems: A critical review[J]. International Journal of Electrical Power & Energy Systems, 2019, 106: 488-501.

[5] Teng F, Strbac G. Assessment of the role and value of frequency response support from wind plants[J]. IEEE Transactions on Sustainable Energy, 2016, 7 (2): 586-595.

[6] Chu Z, Markovic U, Hug G, et al. Towards optimal system scheduling with synthetic inertia provision from wind turbines[J]. IEEE Transactions on Power Systems, 2020, 35 (5): 4056-4066.

[7] Kundur P. Power System Stability and Control[M]. New York: McGraw-Hill, 1994.

[8] Ye Y, Qiao Y, Lu Z. Revolution of frequency regulation in the converter-dominated power system[J]. Renewable and Sustainable Energy Reviews, 2019, 111: 145-156.

[9] Teng F, Trovato V, Strbac G. Stochastic scheduling with inertia-dependent fast frequency response requirements[J]. IEEE Transactions on Power Systems, 2015, 31 (2): 1557-1566.

[10] Trovato V, Bialecki A, Dallagi A. Unit commitment with inertia-dependent and multispeed allocation of frequency response services[J]. IEEE Transactions on Power Systems, 2018, 34 (2): 1537-1548.

[11] Teng F, Aunedi M, Pudjianto D, et al. Benefits of demand-side response in providing frequency response service in the future GB power system[J]. Frontiers in Energy Research, 2015, 3: 36.

[12] Li H. Test data of modified province system[EB/OL]. [2021-02-08]. https://drive.google.com/file/d/ 1XGRajCAHs5ghr7t8eSNYO8mG0Fo9_b7l/ view?usp=sharing.

第3章　考虑可再生能源聚合等效频率
支撑的电网形态分析

　　传统以火电为主的电网发展过程中，系统具有足够的支撑能力保证电力实时平衡，频率安全问题未成为制约电网发展的主要因素。而随着可再生能源迅速发展，火电等同步电源逐步被可再生能源替代，全系统分秒尺度的调节支撑能力大幅减弱，频率安全问题愈发凸显，电力实时平衡难以保证，因此频率安全问题成为高比例新能源电网发展的瓶颈之一。在电网形态研究中，需要保证构建的高比例场景满足频率安全，故需要在规划层面配置足够的支撑资源。另外，为应对频率风险，加强电网同步互联在当前阶段是一种有效手段，但远期全系统同步机组均大量减少后加强互联将仍然难以保证足够的支撑能力，需要从根本上考虑新的支撑资源以保证频率安全。可再生能源机组作为未来系统的主力电源，接替火电机组为电网提供短尺度调节支撑能力是一种十分具有前景的技术思路，考虑可再生能源提供频率支撑的电网形态成为亟待研究的问题。

3.1　电力系统新型调频方式分析

　　随着传统同步机组逐步减少，系统中新型调频方式也在迅速发展。本节分析目前研究较多的可再生能源调频和储能调频方式，各种方式的比较如表 3-1 所示。在可再生能源调频方式中，研究较多的是风电调频，这是由于风电本身具有旋转元件，可以以临时备用或长期备用两种模式提供频率支撑，而光伏则受限于没有旋转器件以及仅可白天发电的特点，难以提供持续的频率支撑。在风电的两种备用模式中，提供临时备用的模式虽然不会因调频目的而降载弃能，但其仅能在短时间内提供支撑，之后风机转子为恢复转速仍需吸收能量，无法继续支撑频率，甚至可能带来频率二次跌落的问题。风电降载模式已在美国国家风力科技中心和美国国家可再生能源实验室进行了详细的仿真和现场测试[1]，且已在爱尔兰电网运行规程中进行了明确要求[2]，这种模式更为成熟，更加适合用于对未来电网形态的分析。

　　储能提供频率支撑也是一种广泛研究的技术思路，但需在系统中额外配置较多储能，且储能为提供足够的频率支撑需要配置较大容量，储能调频带来的频繁充放电也会导致其寿命衰减更快，以上两点将使得储能调频具有较大的经济负担。本书重点考虑系统中现有元素的频率支撑能力，储能调频有待后续研究。

表 3-1　新型调频方式比较

调频方式	可再生能源调频		储能调频
	风电调频	光伏调频	
特点	本身具有旋转元件，可释放动能提供临时备用或运行于降载模式以提供长期备用	本身无旋转器件且自身电容储能较少，仅适合基于降载提供长期备用	可单独调频，也可和风电、光伏联合调频
优点	临时备用模式经济性好，长期备用模式可提供稳定的调频功率避免频率二次跌落	长期备用模式可提供稳定的调频功率，避免频率二次跌落	调节速度快
缺点	临时备用无法长期支撑频率，仍需其他调频资源辅助长期备用模式带来降载弃能	光伏仅在白天可以提供频率支撑，其余时段无法提供支撑，仍需其他调频资源辅助长期备用模式带来降载弃能	需要大容量配置，投资成本较高，频繁充放电导致寿命衰减快，全寿命周期成本上升

3.2　可再生能源聚合等效频率支撑特征分析及建模

假设可再生能源在正常状态下运行于降载模式，预留部分备用功率以在频率事件中提供支撑，其中风电机组可通过低速或超速控制以及桨距角控制实现降载[3]，而光伏系统可以基于有功-电压特性控制电压实现降载[4]。本章主要关注降载功率的设定策略及降载功率如何释放以响应频率动态，故研究方法对风电和光伏机组均适用[5]。本节以风电机组为例，分析在降载模式下可再生能源的聚合等效支撑特性。

3.2.1　风电机组的单机频率支撑特性

1. 风电机组的降载策略

风电机组可以运行在三种典型降载策略下，分别是高位降载策略(de-rating scheme)、低位降载策略(delta scheme)和百分比降载策略(percentage scheme)[1]，这三种策略表示在图 3-1 中，其中 v_{in} 和 v_{rate} 分别为风机的切入风速和额定风速，$\overline{P}^{W}$ 为风机的额定功率。风机能提供的最大备用功率相对于其额定容量的比值在本书中称为风机的备用率，以 λ^{W} 表示。在高位降载策略下，风机的最大输出功率被限制在低于额定功率的某一水平，其可发功率在该水平之上的部分作为备用；在低位降载策略下，风机在运行区间内预留某一确定功率的备用，剩余部分作为输出功率；在百分比降载策略下，风机预留的备用和其实际可发功率成正比。风机在不同降载策略下的预留备用 R^{W} 也在图 3-1 中表示，其计算方式如式 (3-1) 所示。

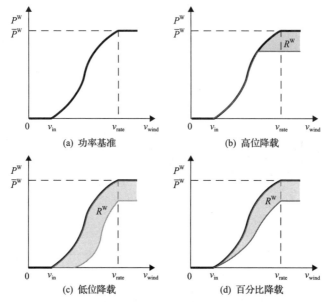

图 3-1　风机的最大可发功率曲线及三种降载策略

高位降载策略：　$R^{W} = \begin{cases} 0, & P^{W} \leqslant (1-\lambda^{W})\overline{P}^{W} \\ P^{W} - (1-\lambda^{W})\overline{P}^{W}, & P^{W} > (1-\lambda^{W})\overline{P}^{W} \end{cases}$

低位降载策略：　$R^{W} = \begin{cases} P^{W}, & P^{W} \leqslant \lambda^{W}\overline{P}^{W} \\ \lambda^{W}\overline{P}^{W}, & P^{W} > \lambda^{W}\overline{P}^{W} \end{cases}$　　　(3-1)

百分比降载策略：　　　　　$R^{W} = \lambda^{W}P^{W}$

　　值得注意的是，当低于额定风速时，即使设定相同的备用率 λ^{W}，但风机在不同策略下所能提供的备用功率是不同的，也将会导致所能提供的频率支撑能力有所区别。

2. 风电机组的频率响应方式

　　风电机组的出力由于采用电力电子装置进行控制，可以自定义响应方式进行频率响应。在发生事故后，风机提供两部分响应，一部分响应功率与系统的频率变化率成正比，称为虚拟惯性响应；另一部分响应功率则与系统的频率变化量成正比，称为下垂响应，其频率响应功率的表达式如式 (3-2) 所示[6]。

$$\Delta P^{W} = -2H^{W}\Delta \dot{f} - k^{W}\Delta f \qquad (3-2)$$

式中，ΔP^{W} 为风机的频率响应功率，即在正常运行功率基础上的功率增量；Δf 和

$\Delta \dot{f}$ 分别为系统频率变化量及频率变化率；H^{W} 为与系统频率变化率相关的比例系数（称为虚拟惯性系数）；$-2H^{\mathrm{W}}\Delta\dot{f}$ 为与系统的频率变化率成正比的风机响应功率；k^{W} 为与系统频率变化量相关的比例系数（称为单位调节功率，即单位频率变化量对应的功率变化）；$-k^{\mathrm{W}}\Delta f$ 为与系统的频率变化量成正比的风机响应功率。

假设风机的备用功率中以一固定比例（记为 ϑR^{W}）用于提供虚拟惯性响应，剩余部分功率用于提供下垂响应。为了确保两部分响应功率不超过对应的备用功率，风机最大可提供的虚拟惯性系数可以基于 ϑR^{W} 和系统允许最大频率变化率 $\left|\mathrm{RoCoF}_{\max}^{\mathrm{ref}}\right|$ 确定，而最大可提供的单位调节功率可以基于剩余备用功率 $(1-\vartheta)R^{\mathrm{W}}$ 和系统可允许的最大频率偏差 $\left|\Delta f_{\max}^{\mathrm{ref}}\right|$ 确定，具体计算方法如式(3-3)所示：

$$\begin{cases} H^{\mathrm{W}} = \vartheta R^{\mathrm{W}} \Big/ \left(2\left|\mathrm{RoCoF}_{\max}^{\mathrm{ref}}\right|\right) \\ k^{\mathrm{W}} = (1-\vartheta)R^{\mathrm{W}} \Big/ \left|\Delta f_{\max}^{\mathrm{ref}}\right| \end{cases} \tag{3-3}$$

需要注意的是，风机在不同运行状态下的备用功率不同，故其虚拟惯性系数和单位调节功率也会随之变化。

3.2.2　多机聚合的风电场频率支撑能力等效特性及建模

在风电场中，每个风机所处的风速不尽相同，因此，多机聚合后风电场的频率支撑特性与单个风机的频率支撑特性有所区别。在给定风电场总的发电功率的情况下，由于每个风机的运行状态未知，很难评估风电场确切的频率支撑能力。本节基于实测数据分析不同降载方案下风电场的频率支撑。

采用风电场内 200 台风机的功率数据进行分析。具体思路为通过式(3-1)和式(3-3)计算各台风机的频率支撑能力系数，之后求和得到聚合后风电场的频率支撑能力。风机的额定容量均为 1.5MW，且假设风机在预留备用时具有 10% 的控制误差，即实际预留的备用功率在 $[0.9R^{\mathrm{W}}, 1.1R^{\mathrm{W}}]$ 区间内。计算得到风电场的最大可发功率与风电场所能提供的虚拟惯性系数之间的关系，如图 3-2 所示。

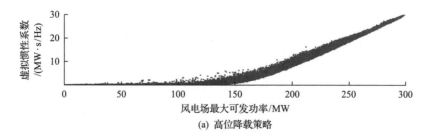

(a) 高位降载策略

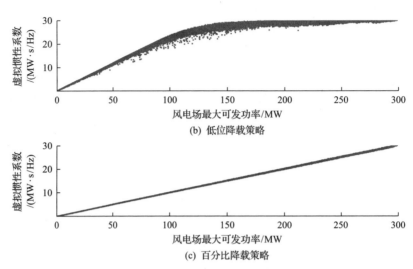

(b) 低位降载策略

(c) 百分比降载策略

图 3-2　考虑多机聚合的风电场最大可发功率与其虚拟惯性系数之间的关系

可以看出，在给定风电场总功率而场内各机组状态未知的情况下，难以准确确定风电场的频率支撑能力，且支撑能力随发电能力而变化，当风电场最大可发功率等于装机容量时，其调节能力才与具有相同频率调节系数的火电机组相同，可再生能源在空间聚合后呈现的最大可发功率与频率支撑能力具有不确定的对应关系，即为其空间上的"聚合等效"特性。在高位降载策略下，当风电场最大可发功率较小时其虚拟惯性系数接近于零，且虚拟惯性系数随风电场最大可发功率的增加逐渐增加。对于低位降载策略，虚拟惯性系数会随着风电场最大可发功率的增加迅速上升并维持在较高水平。对于百分比降载策略，虚拟惯性系数与风电场最大可发功率几乎呈线性关系。在具有相同最大可发功率的不同降载策略中，低位降载策略提供的频率支撑最大，而高位降载策略的频率支撑最小。

为了将上述特征纳入规划中，拟合散点图的下界以保证最小的可用虚拟惯性。这种方法具有保守性，采用此方法是因为在规划中需要配置足够的频率响应资源，以便在运行阶段确保足够的频率支撑。

本节还研究了风电场容量变化时上述特性是否发生变化。在风电场中对不同数量的风电机组进行分析，并得到图 3-3 所示的下界。对于高位降载策略和百分比降载策略，不同风电场容量的归一化下界几乎相同。而对于低位降载策略，如果使用图中各容量对应下界的平均值，则误差(即虚拟惯性系数低于平均下界的发生概率)为 0.18%，相对较小。因此，使用不同风电场对应的特性下界的均值边界来表示三种降载方案的最小可用虚拟惯性。

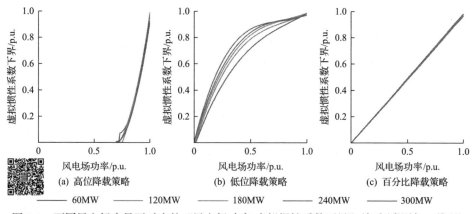

图 3-3　不同风电场容量下对应的"风电场功率-虚拟惯性系数下界"关系(彩图扫二维码)

3.2.3　小时级风电场支撑能力等效特性及最小可用频率支撑

在规划阶段,通常将小时内的可再生能源功率假定为常数,本节称之为期望功率 P_{expt},该功率通常以可再生能源在该小时内的平均功率表示。但是,考虑风电提供频率支撑,若忽略风电在小时以内的功率变化而仍采用期望功率去计算频率支撑能力,则可能导致在小时内某些时段频率支撑能力小于估计值,从而难以保证频率安全。为避免这种情况,本节选择风电场小时内的最小可用频率支撑能力来等效该小时的支撑能力。

基本思路为基于给定的期望功率估算风电场小时级最小功率 P_{actmin},并基于小时级最小功率计算小时级最小可用频率支撑能力。为此,本节基于华北地区六个风电场的风功率数据分析风电场小时级平均功率与小时级最小功率之间的关系。数据分辨率为 1min,长度为 1 年。首先对数据按风电场容量进行标准化,然后计算 60min 平均功率作为期望功率,并记录在此 60min 内的风电的实际出力范围。之后,将期望功率取值区间 50 等分,计算在每个区间段内期望功率对应的风电实际出力的范围,如图 3-4(a)所示。可以看出,风电的小时级平均功率与其小时内的实际功率波动具有较大差异,最大的功率波动范围可达装机容量的 20%,而对火电机组而言小时内功率较为恒定不会出现此情况,可再生能源在时间上聚合后的等效值与真实值之间的偏差特性称为其时间上的"聚合等效"特性。不同风电场具有相似特性,即当期望功率从 0 开始增长时,风电的小时内实际波动范围先增大后缩小。这种小时内的功率波动在估算风电场频率支撑能力时不能被忽略。对所有风电场对应的特性曲线取均值,并对均值曲线拟合,从而获得风电场小时级平均功率与小时内功率范围之间的关系,如图 3-4(b)所示。

风电场小时级最小可用频率支撑能力的计算方法为首先基于规划中通常可获得的风电小时级平均功率计算风电在该小时的最小功率,然后基于此最小功

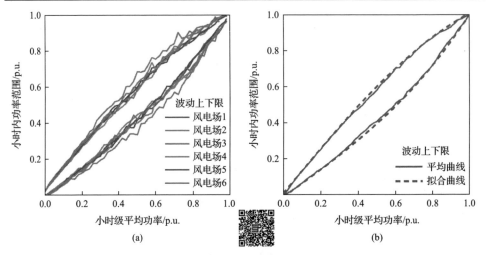

图 3-4　风电场小时级平均功率与小时内功率范围之间的关系(彩图扫二维码)

率，通过"风电场功率-虚拟惯性系数下界"关系计算风电场小时级最小可用频率支撑能力。

3.2.4　光伏调频特性分析

本节对光伏调频的特性进行分析。图 3-5 展示了光伏电站的时间聚合特性，对比图 3-4(a)可以看出，两者的特性较为相似。而两者的空间聚合特性有待在数据完备条件下进行进一步研究。

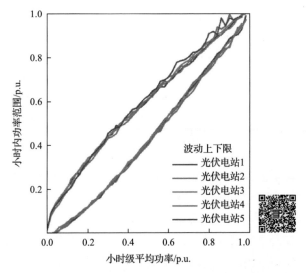

图 3-5　光伏电站小时级平均功率与小时内功率范围之间的关系(彩图扫二维码)

在经济性方面，风过程的周期较长、风电的利用小时数较高，在大多数情况下可以提供较为持续的调频能力，而光伏的日周期性明显且全年利用小时数低于风电。在这种情况下，为了保证系统中时刻具有充足的频率支撑能力，若采用光伏调频，则需要在光伏不出力的时段依靠传统同步机组或储能进行支撑，与风电调频相比，光伏调频将使得对传统同步机组的配置需求及投资成本增加、同步机组发电量及燃料成本增加，抑或是储能的投资容量增加和储能频繁调频寿命衰减而导致的等效投资成本增加。故基于光伏调频和基于风电调频的系统经济性比较需要考虑各环节的相互关联和相互作用进行综合分析。

3.3　频率安全约束构建及高效线性化

本节描述系统的频率动态过程并导出可嵌入规划模型的频率安全约束。构建频率安全约束时采用广泛使用的最大频率变化率、稳态频率偏差和频率最低点作为关键频率指标[7]。本节提出了自适应分段线性化方法，用更少的方程来表达非线性约束。

3.3.1　频率动态过程

在系统发生突然的功率缺失或者负荷增长时，系统频率变化过程可以表示为一阶线性微分方程，如式(3-4)所示。

$$2H^{\mathrm{G}}\Delta\dot{f} + D\Delta f = \Delta P^{\mathrm{G}} + \Delta P^{\mathrm{W}} - \Delta P \tag{3-4}$$

式中，H^{G} 为常规机组提供的惯性；D 为负荷的阻尼系数(以各时刻总负荷为基值)；ΔP^{G} 为同步机组的频率响应功率；ΔP 为系统瞬时的功率变化量。

考虑控制器特性，同步机组的响应功率方程也可表示为一阶线性微分方程，如式(3-5)所示[8]。

$$T_{\mathrm{G}}\Delta\dot{P}^{\mathrm{G}} + \Delta P^{\mathrm{G}} = -k^{\mathrm{G}}\Delta f \tag{3-5}$$

式中，T_{G} 为控制器的响应时间常数；k^{G} 为同步机的单位调节功率；$\Delta\dot{P}^{\mathrm{G}}$ 为同步机的响应功率的时间微分。

风电的响应策略如式(3-2)所示。联立式(3-2)、式(3-4)、式(3-5)，可以解得系统的频率变化过程如式(3-6)所示。

$$\Delta f(\tau) = A\mathrm{e}^{\alpha_1\tau}\cos(\alpha_2\tau + \alpha_3) + \alpha_4 \tag{3-6}$$

式中，τ 为时间；各系数的表达式如下：

$$
\left\{
\begin{aligned}
A &= \frac{\Delta P}{2\alpha_2(H^{\mathrm{G}}+H^{\mathrm{W}})}\sqrt{\frac{k^{\mathrm{G}}}{k^{\mathrm{W}}+D+k^{\mathrm{G}}}} \\
\alpha_1 &= -\frac{2H^{\mathrm{G}}+2H^{\mathrm{W}}+(k^{\mathrm{W}}+D)T_{\mathrm{G}}}{4(H^{\mathrm{G}}+H^{\mathrm{W}})T_{\mathrm{G}}} \\
\alpha_2 &= \sqrt{\frac{k^{\mathrm{W}}+D+k^{\mathrm{G}}}{(2H^{\mathrm{G}}+2H^{\mathrm{W}})T_{\mathrm{G}}}-\alpha_1^2} \\
\alpha_3 &= \arccos\frac{2\alpha_2(H^{\mathrm{G}}+H^{\mathrm{W}})}{\sqrt{k^{\mathrm{G}}(k^{\mathrm{W}}+D+k^{\mathrm{G}})}} \\
\alpha_4 &= -\frac{\Delta P}{k^{\mathrm{W}}+D+k^{\mathrm{G}}}
\end{aligned}
\right.
\tag{3-7}
$$

系统的最大频率变化率 $\mathrm{RoCoF}_{\max}$ 出现在功率突变的初始时刻,可由式(3-8)计算,可以看出该指标与系统的总惯性成反比。

$$
\left|\mathrm{RoCoF}_{\max}\right| = \left|\Delta\dot{f}(\tau)|_{\tau=0}\right| = \Delta P/\left(2H^{\mathrm{G}}+2H^{\mathrm{W}}\right)
\tag{3-8}
$$

系统的频率最低点 $\Delta f_{\max}$ 对应的频率变化率为 0,即 $\Delta\dot{f}(\tau)=0$,由此可以解得频率最低点的表达式,如式(3-9)所示。

$$
\begin{aligned}
\Delta f_{\max} &= A\mathrm{e}^{\alpha_1(\pi-\alpha_3-\gamma)/\alpha_2}\cos(\pi-\gamma)+\alpha_4 \\
\gamma &= \arctan(-\alpha_1/\alpha_2)
\end{aligned}
\tag{3-9}
$$

系统的稳态频率偏差 Δf_{ss} 可通过假设频率振荡衰减至零来获得,如式(3-10)所示,可以看出,稳态频率偏差与系统的单位调节功率及负荷频率调节能力之和成反比。

$$
\left|\Delta f_{\mathrm{ss}}\right| = \left|0+\alpha_4\right| = \Delta P/\left(k^{\mathrm{W}}+DP^{\mathrm{L}}+k^{\mathrm{G}}\right)
\tag{3-10}
$$

3.3.2 频率安全约束及自适应分段线性化

1. 最大频率变化率约束

基于式(3-8),系统的最大频率变化率约束可以表示为关于系统频率支撑能力的线性方程,如式(3-11)所示,可以看出系统的综合惯性需要足够大以保证最大频率变化率不越限。

$$
H^{\mathrm{G}}+H^{\mathrm{W}} \geqslant \Delta P/\left(2\left|\mathrm{RoCoF}_{\max}^{\mathrm{ref}}\right|\right)
\tag{3-11}
$$

设置最大频率变化率的原因在于,目前许多分布式电源设有一种失电源保护机制，当其检测到系统频率变化率过大时，将降低电源出力，这种机制下若系统频率下跌过快则可能导致电源的功率支撑能力进一步降低，加剧频率事故[9]，如英国的电网运行规程中[9]已对最大频率变化率的阈值做出了明确规定。

2. 稳态频率偏差约束

基于式(3-10)，系统的稳态频率偏差约束可以表示为关于系统频率支撑能力的线性方程，如式(3-12)所示，该指标对系统的单位调节功率提出了要求。

$$k^{W} + k^{G} \geqslant \Delta P \Big/ \left| \Delta f_{ss}^{ref} \right| - DP^{L} \tag{3-12}$$

式中，$\left| \Delta f_{ss}^{ref} \right|$ 为最大可接受稳态频率偏差。

3. 频率最低点约束

由式(3-9)看出，系统的频率最低点与系统的频率支撑能力之间呈现非线性，关于频率最低点的约束若直接嵌入规划的优化模型将导致难以求解。故需要进行分段线性化。为了推导线性化方程，本节首先对该约束进行可视化，如图 3-6(a)

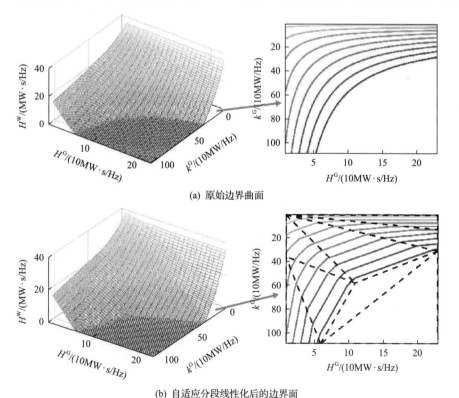

(a) 原始边界曲面

(b) 自适应分段线性化后的边界面

图 3-6　保证频率最低点安全的边界曲面及其等高线

所示,图中的曲面称为"边界曲面",若系统的频率支撑能力在曲面上方的空间中,则可以保证系统的频率最低点不越限。

传统的分段线性化方法将待线性化的区域进行均匀划分,对每个子区域进行线性化并得到线性方程[10]。与此不同,本节基于文献[11]提出了一种改进的自适应分段线性化方法。该方法可以依据曲面的形状,将区域自适应划分为一系列大小、形状不同的三角形,然后对每个三角形区域进行线性化。本节对文献[11]的改进在于,修改了线性化方法以保证拟合平面尽可能接近曲面且始终保持在曲面上方。由此可保证所得到的线性化约束的安全性。由于区域是自适应划分的,所提方法可以减小线性化区域的数目。图 3-6(a)中的曲面若采用文献[10]中的方法,需要将区域划分为 110 块,而采用本节所提方法,仅需将区域划分为 8 块即可满足精度要求。基于所提方法进行的分段线性化如图 3-6(b)所示,其中右侧的等高线图上的虚线为区域的划分结果。由此,通过将更少的频率安全约束方程嵌入规划模型,本方法可以提升计算效率。所提方法的具体实现过程如算法 3.1 所示,其中的线性化方法及误差计算方法如式(3-13)和式(3-14)所示。

在每个三角形子区域,采用式(3-13)所示模型进行线性化,从而保证线性平面尽可能接近曲面且始终保持在曲面上方。

$$
\begin{aligned}
&\min \sum_{\varphi_i \in \Phi_b} -(\xi_1^{(b)} + \xi_2^{(b)} H_i^G + \xi_3^{(b)} k_i^G) \\
&\text{s.t.} \quad -(\xi_1^{(b)} + \xi_2^{(b)} H_i^G + \xi_3^{(b)} k_i^G) \geqslant \omega(H_i^G, k_i^G), \ \ \forall \varphi_i \in \Phi_b
\end{aligned} \tag{3-13}
$$

式中,$\xi_1^{(b)}$、$\xi_2^{(b)}$、$\xi_3^{(b)}$ 为描述线性平面的参数,原始曲面表示为 $z = \omega(H^G, k^G)$;$\varphi_i = (H_i^G, k_i^G)$ 为曲面投影面上的点;Φ_b 为第 b 个三角形内的点的集合。

在每个点上的拟合误差 Err_i 和总的拟合误差 $\text{Err}_{\text{total}}$ 按式(3-14)计算。

$$
\begin{aligned}
&\text{Err}_i = \max_{\forall b} \{-(\xi_1^{(b)} + \xi_2^{(b)} H_i^G + \xi_3^{(b)} k_i^G)\} - \omega(H_i^G, k_i^G) \\
&\text{Err}_{\text{total}} = \sum_{\varphi_i} \text{Err}_i
\end{aligned} \tag{3-14}
$$

最终拟合得到的平面可以表示为式(3-15),频率最低点约束表示为式(3-16)。

$$
h(H^G, k^G) = \max \{\xi_1^{(b)} + \xi_2^{(b)} H^G + \xi_3^{(b)} k^G \mid \forall b\} \tag{3-15}
$$

$$
H^W \geqslant -\xi_1^{(b)} - \xi_2^{(b)} H^G - \xi_3^{(b)} k^G, \ \ \forall b \tag{3-16}
$$

算法 3-1　改进的自适应分段线性化方法

Γ：具有多边形边界的区域；$\Phi=\{\varphi_i=(H_i^G,k_i^G)\in R^2$(二维欧氏空间)$\}$：在 Γ 内所有点 φ_i 的集合；$\Phi^{(Q)}\subset\Phi$：Φ 内的一个含 Q 个点的子集；$\Lambda=\{\Lambda_b\}$：对 Γ 的三角化，每个 Λ_b 表示 Γ 中的一个三角形；$E=\{e_j\}$：三角化 Λ 之后在 Γ 内部的所有边；Π_j：由 Λ_b 组成的四边形，且该四边形内的对角线 e_j 为两个三角形 Λ_b 共同的边，e_j' 是该四边形的另一条对角线；ε：误差阈值；$\mathrm{ind}_{\mathrm{swap}}$ 为指示变量。

```
1:    初始化：将 Φ^(Q₀) 设为包含 Γ 内所有 Q₀ 个顶点的集合
2:    Φ^(Q) ← Φ^(Q₀)
3:    repeat
4:      基于 Φ^(Q) 对 Γ 进行德洛奈三角化，得到 Λ
5:      for  Λ_b ∈ Λ  do
6:        基于式(3-13)确定拟合平面
7:      end for
8:      基于式(3-14)计算 Err_total
9:      repeat
10:       ind_swap = 0
11:       for  e_j ∈ E  do
12:         if  Π_j 是严格的凸四边形 then
13:           将 e_j 换为 e_j' 以生成 Λ'
14:           for  Λ_b' ∈ Λ'  do
15:             基于式(3-13)确定拟合平面
16:           end for
17:           基于式(3-14)计算 Err'_total
18:           if  Err'_total < Err_total  then
19:             Λ ← Λ'
20:             Err_total ← Err'_total
21:             ind_swap = 1
22:           end if
23:         end if
24:       end for
```

25:　　 until $\text{ind}_{\text{swap}} = 0$

26:　　 找到对应最大误差 Err_i 的点 φ_i 并将其加入 $\Phi^{(Q)}$ 中，$\Phi^{(Q)} \leftarrow \Phi^{(Q)} \bigcup \varphi_i$

27:　　 until $\text{Err}_{\text{total}} \leqslant \varepsilon$

28:　　 return $\xi_1^{(b)}$, $\xi_2^{(b)}$, $\xi_3^{(b)}$

3.4　兼容可再生能源多调节策略的网源规划模型

当给定可再生能源电量渗透率目标时，本节的规划模型将确定兼顾经济性和频率安全性的电源和输电线路的最优配置。为了应对可再生能源的功率不确定性，本节建立双层随机规划模型，并在模型中以典型日的方式考虑了多种典型的可再生能源出力模式。发电和输电的投资决策约束为上层约束，而下层模型针对典型运行场景进行运行模拟，并将运行成本返回到上层参与投资决策。尽管目前一体化的源网规划难以在工程中实现，但假设源网一体化规划仍可获得具有高可再生能源渗透率的经济高效的系统配置方案，并基于最优方案提炼对未来系统的新认知。同时，该模型可以决策不同调节策略的风电资源的最优容量配置。

3.4.1　目标函数

规划问题的目标函数为最小化年化投资成本 C^{INV}、运行成本 C^{OPR} 以及可再生能源消纳目标惩罚项 C^{VRE} 之和，如式(3-17)所示。

$$\min C^{\text{INV}} + C^{\text{OPR}} + C^{\text{VRE}} \tag{3-17}$$

式中

$$C^{\text{INV}} = \sum_{g=1}^{N_G} a_g^G I_g^G + \sum_{w=1}^{N_W} a_w^W I_w^W + \sum_{pv=1}^{N_{pv}} a_{pv}^{PV} I_{pv}^{PV} + \sum_{es=1}^{N_{ES}} a_{es}^{ES} I_{es}^{ES} + \sum_{l=1}^{N_L^C} a_l^L v_l^L \tag{3-18}$$

$$C^{\text{OPR}} = \sum_{s=1}^{N_S} \rho_s \left[\sum_{t=1}^{N_T} \sum_{g=1}^{N_G} c_g^G P_{g,t,s}^G + \sum_{t=2}^{N_T} \sum_{m=1}^{N_M} c_m^{ST} \text{SU}_{m,t,s} + c^{ES} \sum_{t=1}^{N_T} \sum_{es=1}^{N_{ES}} \left(P_{es,t,s}^{ES,ch} + P_{es,t,s}^{ES,dis} \right) \right. \\ \left. + c^D \sum_{t=1}^{N_T} \sum_{n=1}^{N_N} P_{n,t,s}^{L,Cur} \right] \tag{3-19}$$

$$C^{\text{VRE}} = c^{\text{VRE}} P_{\text{dificit}} \tag{3-20}$$

其中，a_g^{G}、a_w^{W}、a_{pv}^{PV}、a_{es}^{ES} 分别为火电等传统同步机组 g、风电场 w、光伏电站 pv 和储能设备 es 的单位容量年化投资成本；I_g^{G}、I_w^{W}、I_{pv}^{PV}、I_{es}^{ES} 分别为对应的投资容量；a_l^{L} 和 v_l^{L} 分别为线路 l 的年化投资成本及表示线路是否投建的 0-1 变量，v_l^{L} 等于 1 时表示线路投建；N_{G}、N_{W}、N_{PV}、N_{ES} 和 $N_{\mathrm{L}}^{\mathrm{C}}$ 分别为待选的传统同步机组的总数、风电场总数、光伏电站总数、储能设备总数以及线路总数；年运行成本 C^{OPR} 由典型日运行成本估算得到；ρ_s 为全年中第 s 个典型日出现的次数；N_{S} 为典型日的数量；$P_{g,t,s}^{\mathrm{G}}$ 为第 g 个同步机组在典型日 s 时刻 t 的出力，为了避免引入表示机组启停状态及开停机操作的 0-1 变量，同步机组依据相似的运行特性参数聚合为 N_{M} 个类别；$\mathrm{SU}_{m,t,s}$ 为第 m 类机组的启动容量；$P_{es,t,s}^{\mathrm{ES,ch}}$ 和 $P_{es,t,s}^{\mathrm{ES,dis}}$ 分别为储能装置的充电和放电功率；$P_{n,t,s}^{\mathrm{L,Cur}}$ 为第 n 个节点的切负荷功率；N_{T} 和 N_{N} 分别为典型日内的总时刻数以及系统总节点数；c_g^{G}、c_m^{ST}、c^{ES}、c^{D} 分别为同步机组 g 的单位发电成本、第 m 类同步机组的单位启动容量成本、储能的单位运行成本以及切负荷的单位惩罚成本；式(3-19)第 1 行为同步机组的燃料成本和启动成本，第 2 行为储能的运行成本，第 3 行为切负荷惩罚成本；P_{dificit} 为实际所发可再生能源电量相较于可再生能源电量目标的缺额；c^{VRE} 为可再生能源电量缺额的单位惩罚成本。

3.4.2　上层约束条件

上层约束条件包括投资容量约束和可再生能源电量渗透率约束。传统同步机组、风电、光伏和储能设备的投资容量约束如式(3-21)～式(3-24)所示。

$$0 \leqslant \sum_{g \in \Omega_n^{\mathrm{G}}} I_g^{\mathrm{G}} \leqslant I_n^{\mathrm{G,max}}, \quad \forall n \tag{3-21}$$

$$0 \leqslant \sum_{w \in \Omega_n^{\mathrm{W}}} I_w^{\mathrm{W}} \leqslant I_n^{\mathrm{W,max}}, \quad \forall n \tag{3-22}$$

$$0 \leqslant \sum_{pv \in \Omega_n^{\mathrm{PV}}} I_{pv}^{\mathrm{PV}} \leqslant I_n^{\mathrm{PV,max}}, \quad \forall n \tag{3-23}$$

$$0 \leqslant \sum_{es \in \Omega_n^{\mathrm{ES}}} I_{es}^{\mathrm{ES}} \leqslant I_n^{\mathrm{ES,max}}, \quad \forall n \tag{3-24}$$

式中，$I_n^{\mathrm{G,max}}$、$I_n^{\mathrm{W,max}}$、$I_n^{\mathrm{PV,max}}$、$I_n^{\mathrm{ES,max}}$ 分别为节点 n 上待建传统同步机组、风电场、光伏电站、储能设备的最大容量；Ω_n^{G}、Ω_n^{W}、Ω_n^{PV}、Ω_n^{ES} 分别为节点 n 上

所有的待建同步机组、风电场、光伏电站、储能设备。

可再生能源的电量渗透率目标，即比例为 ζ 的总负荷电量由可再生能源发电承担，其约束如式(3-25)所示。

$$\sum_{s=1}^{N_S} \rho_s \sum_{t=1}^{N_T} \left(\sum_{w=1}^{N_W} P_{w,t,s}^W + \sum_{pv=1}^{N_{PV}} P_{pv,t,s}^{PV} \right)$$
$$\geqslant \zeta \sum_{s=1}^{N_S} \rho_s \left(\sum_{t=1}^{N_T} \sum_{n=1}^{N_N} P_{n,t,s}^L - \sum_{t=1}^{N_T} \sum_{es=1}^{N_{ES}} (P_{es,t,s}^{ES,ch} - P_{es,t,s}^{ES,dis}) \right) - P_{dificit} \quad (3\text{-}25)$$

式中，$P_{w,t,s}^W$ 和 $P_{pv,t,s}^{PV}$ 分别为风电场和光伏电站的出力，为了避免储能同时充放电的情况且不引入表征储能充放电状态的 0-1 变量，将 $P_{es,t,s}^{ES,ch} - P_{es,t,s}^{ES,dis}$ 引入可再生能源电量渗透率约束中，并结合储能的下层约束条件实现所提目标。

3.4.3　下层约束条件

下层约束条件约束在每个典型日下发电设备的出力及储能的充放电功率。

1. 常规机组运行约束

对于常规机组，采用文献[12]的方法对聚类后的机组进行建模，其基本思想为将具有相似运行特性的火电机组进行聚类，通过引入在线容量 $O_{m,t,s}^G$、启动容量 $SU_{m,t,s}$ 和关停容量 $SD_{m,t,s}^G$ 对火电机组的运行状态进行描述，从而避免了 0-1 变量的引入。

2. 风电出力约束

采用不同降载策略提供频率备用的风电场具有不同的功率约束。为了表示高位降载、低位降载和百分比降载策略，引入 u_w^{DRT}、u_w^{DLT} 和 u_w^{PCT} 三组 0-1 变量，变量取值为 1 时表示风电场采用了对应的降载策略。风电场的功率约束如式(3-26)～式(3-30)所示。

$$0 \leqslant P_{w,t,s}^W \leqslant \alpha_{w,t,s}^W I_w^W, \ \forall w,t,s \quad (3\text{-}26)$$

$$P_{w,t,s}^W \leqslant (1 - \lambda^W) I_w^W + M(1 - u_w^{DRT}), \ \forall w,t,s \quad (3\text{-}27)$$

$$P_{w,t,s}^W \leqslant \max\{0, \ (\alpha_{w,t,s}^W - \lambda^W) I_w^W\} + M(1 - u_w^{DLT}), \ \forall w,t,s \quad (3\text{-}28)$$

$$P_{w,t,s}^W \leqslant (1 - \lambda^W) \alpha_{w,t,s}^W I_w^W + M(1 - u_w^{PCT}), \ \forall w,t,s \quad (3\text{-}29)$$

$$u_w^{DRT}, u_w^{DLT}, u_w^{PCT} \in \{0,1\}, \ \forall w \quad (3\text{-}30)$$

式中，$\alpha_{w,t,s}^{\text{W}}$ 为最大风电可发功率标幺值；M 为一个足够大的数；λ^{W} 为风电的备用率。式(3-26)表示风电出力不大于最大可发功率；式(3-27)表示若风电场采用高位降载策略，其最大功率不大于装机容量与 $1-\lambda^{\text{W}}$ 的乘积；式(3-28)表示在低位降载策略下只要风电场可发功率 $\alpha_{w,t,s}^{\text{W}} I_w^{\text{W}}$ 大于 $\lambda^{\text{W}} I_w^{\text{W}}$，其就预留大小为 $\lambda^{\text{W}} I_w^{\text{W}}$ 的备用功率，若风电场可发功率小于 λ^{W} 与装机容量的乘积，其出力就为 0；式(3-29)表示在百分比降载策略下，风电场的输出功率不大于当前最大可发功率与 $1-\lambda^{\text{W}}$ 的乘积。

3. 光伏出力约束

光伏电站的功率约束如式(3-31)所示。

$$0 \leqslant P_{\text{pv},t,s}^{\text{PV}} \leqslant \alpha_{\text{pv},t,s}^{\text{PV}} I_{\text{pv}}^{\text{PV}}, \quad \forall \text{pv},t,s \tag{3-31}$$

式中，$\alpha_{\text{pv},t,s}^{\text{PV}}$ 为最大光伏可发功率的标幺值。式(3-31)表示光伏电站出力不大于其最大可发功率。

4. 储能运行约束

储能设备的运行约束如式(3-32)～式(3-36)所示。

$$0 \leqslant P_{\text{es},t,s}^{\text{ES,ch}} \leqslant I_{\text{es}}^{\text{ES}}, 0 \leqslant P_{\text{es},t,s}^{\text{ES,dis}} \leqslant I_{\text{es}}^{\text{ES}}, \quad \forall \text{es},t,s \tag{3-32}$$

$$0 \leqslant E_{\text{es},t,s}^{\text{ES}} \leqslant I_{\text{es}}^{\text{ES}} B_{\text{es}}^{\text{ES}}, \quad \forall \text{es},t,s \tag{3-33}$$

$$E_{\text{es},t,s}^{\text{ES}} - E_{\text{es},t-1,s}^{\text{ES}} = \eta_{\text{es}}^{\text{ch}} P_{\text{es},t,s}^{\text{ES,ch}} - \frac{1}{\eta_{\text{es}}^{\text{dis}}} P_{\text{es},t,s}^{\text{ES,dis}} - \eta_{\text{es}}^{\text{self}} E_{\text{es},t-1,s}^{\text{ES}}, \quad \forall \text{es},t,s \tag{3-34}$$

$$E_{\text{es},t=1,s}^{\text{ES}} = E_{\text{es},t=N_{\text{T}},s}^{\text{ES}}, \quad \forall \text{es},s \tag{3-35}$$

$$E_{\text{es},t=1,s}^{\text{ES}} = \delta I_{\text{es}}^{\text{ES}} B_{\text{es}}^{\text{ES}}, \quad \forall \text{es},s \tag{3-36}$$

式中，$E_{\text{es},t,s}^{\text{ES}}$ 为储能设备的能量水平；$B_{\text{es}}^{\text{ES}}$ 为储能设备的容储比，即储能的配置能量与储能配置功率的比值；$\eta_{\text{es}}^{\text{ch}}$、$\eta_{\text{es}}^{\text{dis}}$、$\eta_{\text{es}}^{\text{self}}$ 分别为储能的充电效率、放电效率和自损耗效率；δ 为储能初始时刻的能量水平。式(3-32)表示储能的充放电功率应小于或等于其配置的功率；式(3-33)表示储能的能量范围应小于或等于其最大能量；式(3-34)表示储能在相邻时间的能量变化与充放电功率之间的关系；式(3-35)表示储能在典型场景内的始末时刻能量水平相同；式(3-36)约定了储能的初始能量水平。

5. 切负荷约束

节点上的切负荷应不大于节点该时刻的负荷功率，如式(3-37)所示。

$$0 \leqslant P_{n,t,s}^{\mathrm{L,Cur}} \leqslant P_{n,t,s}^{\mathrm{L}}, \quad \forall n,t,s \tag{3-37}$$

6. 线路潮流约束

对于已建线路，其潮流约束如式(3-38)～式(3-40)所示。

$$-F_{l,t,s}^{\mathrm{L,max}} \leqslant F_{l,t,s}^{\mathrm{L}} \leqslant F_{l,t,s}^{\mathrm{L,max}}, \quad \forall l \in \Omega^{\mathrm{LE}}, t, s \tag{3-38}$$

$$F_{l,t,s}^{\mathrm{L}} = (\theta_{l(+),t,s} - \theta_{l(-),t,s}) / x_l, \quad \forall l \in \Omega^{\mathrm{LE}}, t, s \tag{3-39}$$

$$-\pi \leqslant \theta_{n,t,s} \leqslant \pi, \quad \forall n,t,s \tag{3-40}$$

式中，$F_{l,t,s}^{\mathrm{L}}$ 和 $F_{l,t,s}^{\mathrm{L,max}}$ 为线路 l 上的潮流和线路容量；Ω^{LE} 为已建线路集合；$\theta_{l(+),t,s}$ 和 $\theta_{l(-),t,s}$ 分别为线路 l 始端节点和末端节点的相角；x_l 为线路电抗。式(3-38)表示线路潮流不大于其线路容量；式(3-39)表示潮流满足直流潮流约束；式(3-40)约束了相角的范围。

对于待建线路，其潮流约束如式(3-41)和式(3-42)所示。

$$-F_{l,t,s}^{\mathrm{L,max}} v_l^{\mathrm{L}} \leqslant F_{l,t,s}^{\mathrm{L}} \leqslant F_{l,t,s}^{\mathrm{L,max}} v_l^{\mathrm{L}}, \quad \forall l \in \Omega^{\mathrm{LC}}, t, s \tag{3-41}$$

$$-M(1-v_l^{\mathrm{L}}) \leqslant F_{l,t,s}^{\mathrm{L}} - (\theta_{l(+),t,s} - \theta_{l(-),t,s}) / x_l \leqslant M(1-v_l^{\mathrm{L}}), \quad \forall l \in \Omega^{\mathrm{LC}}, t, s \tag{3-42}$$

式中，Ω^{LC} 为待建线路集合。式(3-41)表示若线路投建，即 $v_l^{\mathrm{L}} = 1$，则线路约束与式(3-38)相同，否则该线路潮流为 0；式(3-42)表示若线路投建，则潮流约束与式(3-39)相同，否则该约束被松弛，不起作用。

7. 节点电力平衡约束

节点的发电-负荷平衡约束如式(3-43)所示。

$$
\begin{aligned}
&\sum_{g \in \Omega_n^{\mathrm{G}}} P_{g,t,s}^{\mathrm{G}} + \sum_{w \in \Omega_n^{\mathrm{W}}} P_{w,t,s}^{\mathrm{W}} + \sum_{\mathrm{pv} \in \Omega_n^{\mathrm{PV}}} P_{\mathrm{pv},t,s}^{\mathrm{PV}} \\
&+ \sum_{\mathrm{es} \in \Omega_n^{\mathrm{ES}}} (P_{\mathrm{es},t,s}^{\mathrm{ES,dis}} - P_{\mathrm{es},t,s}^{\mathrm{ES,ch}}) - \sum_{l \in \Omega_n^{\mathrm{LS}}} F_{l,t,s}^{\mathrm{L}} + \sum_{l \in \Omega_n^{\mathrm{LT}}} F_{l,t,s}^{\mathrm{L}} = P_{n,t,s}^{\mathrm{L}} - P_{n,t,s}^{\mathrm{L,Cur}}, \quad \forall n,t,s
\end{aligned} \tag{3-43}
$$

式中，Ω_n^{LS} 为以节点 n 为始端节点的线路组成的集合；Ω_n^{LT} 为以节点 n 为末端节点的线路组成的集合。

8. 系统备用约束

系统备用约束如式(3-44)所示。

$$
\begin{aligned}
&\sum_{m=1}^{N_{\mathrm{M}}} O_{m,t,s}^{\mathrm{G}} + \sum_{w=1}^{N_{\mathrm{W}}} \alpha_{w,t,s}^{\mathrm{W}} I_w^{\mathrm{W}} + \sum_{\mathrm{pv}=1}^{N_{\mathrm{PV}}} \alpha_{\mathrm{pv},t,s}^{\mathrm{PV}} I_{\mathrm{pv}}^{\mathrm{PV}} + \sum_{\mathrm{es}=1}^{N_{\mathrm{ES}}} I_{\mathrm{es}}^{\mathrm{ES}} \\
&\geqslant (1+r^{\mathrm{L}}) \sum_{n=1}^{N_{\mathrm{N}}} P_{n,t,s}^{\mathrm{L}} + r^{\mathrm{V}} \left(\sum_{w=1}^{N_{\mathrm{W}}} \alpha_{w,t,s}^{\mathrm{W}} I_w^{\mathrm{W}} + \sum_{\mathrm{pv}=1}^{N_{\mathrm{PV}}} \alpha_{\mathrm{pv},t,s}^{\mathrm{PV}} I_{\mathrm{pv}}^{\mathrm{PV}} \right), \quad \forall t,s
\end{aligned}
\tag{3-44}
$$

式中，$O_{m,t,s}^{\mathrm{G}}$ 为常规机组容量；r^{L} 为负荷的备用系数(一般取 5%)；r^{V} 为可再生能源预测误差对应的备用系数(一般取 3%)。式(3-44)表示常规机组、可再生能源及储能的最大出力之和，不小于系统的备用需求之和。

9. 常规机组频率支撑能力约束

常规机组的频率支撑能力与其在线容量有关，如式(3-45)和式(3-46)所示。

$$
H_{t,s}^{\mathrm{G}} = \sum_m O_{m,t,s}^{\mathrm{G}} h_m / f_0, \quad \forall t,s
\tag{3-45}
$$

$$
k_{t,s}^{\mathrm{G}} = \sum_m O_{m,t,s}^{\mathrm{G}} / (\sigma_m f_0), \quad \forall t,s
\tag{3-46}
$$

式中，h_m 为第 m 类常规机组的惯性时间常数；σ_m 为常规机组单位调节功率的倒数；f_0 为系统的参考频率。式(3-45)和式(3-46)分别计算了所有常规机组为系统提供的惯性系数之和与单位调节功率之和。

常规机组必须预留频率备用以提供一次调频响应，如式(3-47)所示。

$$
O_{m,t,s}^{\mathrm{G}} - \sum_{g \in \Psi_m^{\mathrm{G}}} P_{g,t,s}^{\mathrm{G}} \geqslant r^{\mathrm{G}} O_{m,t,s}^{\mathrm{G}}, \quad \forall m,t,s
\tag{3-47}
$$

式中，r^{G} 为常规机组的频率备用系数；Ψ_m^{G} 为第 m 类火电的集合。

10. 可再生能源频率支撑能力约束

规划模型要能够兼顾不同策略下的可再生能源支撑能力，其约束如式(3-48)～式(3-53)所示。

$$
-M(1-u_w^{\mathrm{None}}) \leqslant H_{w,t,s}^{\mathrm{W}} \leqslant M(1-u_w^{\mathrm{None}})
\tag{3-48}
$$

$$
\beta_{w,t,s}^{\mathrm{FS}} I_w^{\mathrm{W}} - M(1-u_w^{\mathrm{FS}}) \leqslant H_{w,t,s}^{\mathrm{W}} \leqslant \beta_{w,t,s}^{\mathrm{FS}} I_w^{\mathrm{W}} + M(1-u_w^{\mathrm{FS}}), \quad \forall \mathrm{FS} \in \{\mathrm{DRT,DLT,PCT}\}
\tag{3-49}
$$

$$
u_w^{\mathrm{None}} \in \{0,1\}
\tag{3-50}
$$

$$u_w^{\text{DRT}} + u_w^{\text{DLT}} + u_w^{\text{PCT}} + u_w^{\text{None}} = 1, \quad \forall w \tag{3-51}$$

$$H_{t,s}^{\text{W}} = \sum_w H_{w,t,s}^{\text{W}} \tag{3-52}$$

$$k_{t,s}^{\text{W}} = H_{t,s}^{\text{W}} \cdot 2 \left| \text{RoCoF}_{\max}^{\text{ref}} \right| \cdot (1-\delta) / (\delta \left| \Delta f_{\max}^{\text{ref}} \right|) \tag{3-53}$$

式中，$H_{t,s}^{\text{W}}$ 和 $k_{t,s}^{\text{W}}$ 分别为风电所能提供的等效惯性系数和单位调节功率；$\beta_{w,t,s}^{\text{FS}}$ 为风电的小时级最小可用频率支撑能力标幺值；u_w^{FS} 为风电降载策略的指示变量；FS 为某种风电降载策略；DRT、DLT、PCT 分别为高位降载、低位降载和百分比降载策略；u_w^{None} 指示该风电场是否提供频率支撑能力，其值为 1 时，由 (3-48) 可知风电场的等效惯性系数为 0，则不提供频率支撑能力。同样地，当风电场采用某种降载策略时，式 (3-49) 中对应降载策略的约束便会收紧以保证其提供的频率支撑能力；式 (3-51) 表示风电场在运行阶段只能选择一种降载策略而不能更换；式 (3-52) 和式 (3-53) 计算了风电场整体的等效惯性系数和单位调节功率。

11. 频率安全约束

前面推导得到的频率安全约束式 (3-11)、式 (3-12) 和式 (3-16) 在此嵌入到规划模型中，如式 (3-54) ～式 (3-56) 所示。

$$H_{t,s}^{\text{G}} + H_{t,s}^{\text{W}} \geq \Delta P / (2 \left| \text{RoCoF}_{\max}^{\text{ref}} \right|), \quad \forall t,s \tag{3-54}$$

$$k_{t,s}^{\text{G}} + k_{t,s}^{\text{W}} \geq \Delta P / \left| \Delta f_{\text{ss}}^{\text{ref}} \right| - D \sum_{n=1}^{N_{\text{N}}} (P_{n,t,s}^{\text{L}} - P_{n,t,s}^{\text{L,Cur}}), \quad \forall t,s \tag{3-55}$$

$$H_{t,s}^{\text{W}} \geq -\xi_{1,s}^{(b)} - \xi_{2,s}^{(b)} H_{t,s}^{\text{G}} - \xi_{3,s}^{(b)} k_{t,s}^{\text{G}}, \quad \forall b,t,s \tag{3-56}$$

所构建的模型是一个混合整数线性规划模型，可以采用 Gurobi[13] 等商业求解器直接求解。

3.5　IEEE30 节点算例

3.5.1　基础数据与建模有效性验证

1. 基础数据

采用修改后的 IEEE30 节点算例系统进行方法验证[14]，算例系统如图 3-7 所示。假设所有机组均未投建，待建发电和储能设备的参数在表 3-2 中列出。系统由 37

条已建线路和 10 条候选线路组成，候选线路的参数在表 3-3 中列出。所有候选线路的容量均为 250MW。发电和储能设备的成本数据来自文献[15]和[16]，而输电线路的投资成本修改自文献[17]。

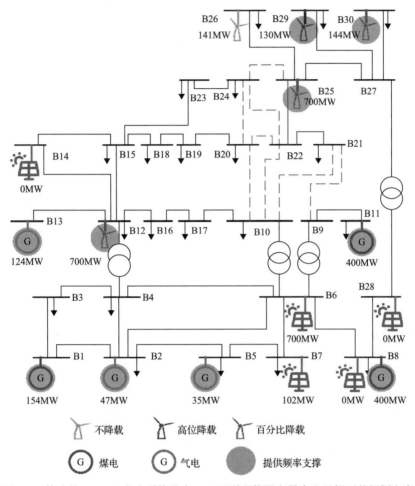

图 3-7　修改的 IEEE30 节点系统及在 50%可再生能源电量占比目标下的规划方案

表 3-2　待建机组技术参数及成本信息

参数	煤电	气电	风电	光伏	储能
节点	1, 8, 11	2, 5, 13	12, 25, 26, 29, 30	6, 7, 8, 14, 28	6, 7, 8, 12, 14, 25, 26, 28, 29, 30
可变运行成本/(美元/(MW·h))	35.7	57.1	0	0	3.57
开机成本/(美元/MW)	428.57	160.77	0	0	0
年化投资成本/(万美元/MW)	46.0	32.1	113.7	85.4	150.0

续表

参数	煤电	气电	风电	光伏	储能
最小技术出力/%	50	40	0	0	−100
爬坡能力/(%/min)	2	4	—	—	—
各节点最大装机容量/MW	400	400	700	700	400
惯性常数/s	5	4	可变	可变	—
调差系数/%	5	4	可变	可变	—
备用率/%	10	10	10	10	—

表 3-3　待建线路的技术参数及成本信息

编号	始端-末端节点	电抗/p.u.	年化投资成本/百万美元	编号	始端-末端节点	电抗/p.u.	年化投资成本/百万美元
1	10-20	0.21	112	6	24-25	0.33	137
2	10-21	0.07	138	7	20-24	0.17	112
3	10-22	0.15	129	8	22-25	0.17	112
4	21-22	0.02	114	9	9-21	0.15	117
5	22-24	0.18	110	10	20-22	0.02	146

系统的最大负荷为 1500MW，功率突变量 ΔP 假设为 5%的最大负荷。对于风电场，假设其备用率为 10%，备用功率中有 24%用于专门提供虚拟惯性响应。系统频率安全指标：最大可接受频率变化率 $\left|\text{RoCoF}_{max}^{ref}\right|=0.5\text{Hz/s}$ ，最大可接受频率偏差 $\left|\Delta f_{max}^{ref}\right|=0.5\text{Hz}$ ，最大可接受稳态频率偏差 $\left|\Delta f_{ss}^{ref}\right|=0.3\text{Hz}$ 。

负荷和可再生能源的时序数据及典型日数据来自文献[16]。仿真是在一台装有 Intel Core i7 处理器、运行于 3.20GHz、内存为 16GB 的计算机上进行的。

2. 不同可再生能源比例下含频率安全约束的运行可行性分析

表 3-4 给出了三种配置方案，分别代表无可再生能源、中比例可再生能源和高比例可再生能源系统，并假定所有候选线都已建设。

表 3-4　不同可再生能源比例下的运行可行性

指标		无可再生能源	中比例可再生能源	高比例可再生能源
电源结构/MW	煤电	1200	1050	700
	气电	600	100	0
	风电	0	1500	2000
	光伏	0	500	1900
	储能	0	400	1100

续表

指标		无可再生能源	中比例可再生能源	高比例可再生能源
不考虑频率安全约束时的运行可行性/%	可再生能源提供频率支撑	100	100	100
	可再生能源不提供频率支撑	—	100	100
考虑频率安全约束时的运行可行性/%	可再生能源提供频率支撑	100	31	0
	可再生能源不提供频率支撑	—	100	100

在考虑和不考虑频率安全约束的情况下进行逐日的运行模拟。对于中比例和高比例可再生能源系统，进一步考虑可再生能源提供和不提供频率支撑的两种情况。当考虑可再生能源提供频率支撑时，假设有 1000MW 风电采用百分比降载方案。运行结果也列于表 3-4 中，其中的比例表示全年内具备运行可行性天数的比例。可以看出，随着可再生能源比例的增加，能够保证频率安全的天数越来越少。如果可再生能源提供频率支撑，则运行可行性可以保证。因此，规划时需要考虑频率安全约束及可再生能源的频率支撑。

3. 不同可再生能源频率支撑建模方式的分析

本节分析不同可再生能源频率支撑能力的建模方式如何影响频率动态，如图 3-8 所示。假设：①负载为 1500MW，风电最大可用功率为 1300MW（小时级平均功率 P_{expt}），气电机组的在线容量为 300MW；②风电场采用低位降载策略；③风电的总容量为 2000MW。现有研究未考虑可再生能源场站频率支撑能力的不确定性或可再生能源在小时内的功率波动。而本节同时考虑了这两个因素，并采用拟合下限的方式对其进行建模。图 3-8 中的频率动态表明，在本节的方法下，发生频率事件后最低频率比未考虑上述因素的建模方法降低了 38%。由于本节通过下限建模的方式考虑这两个因素，可以避免传统方法过于乐观的估计。因此借助本节对可再生能源频率支撑能力的建模方法的规划结果可以保证频率安全。

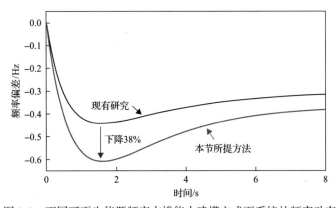

图 3-8　不同可再生能源频率支撑能力建模方式下系统的频率动态

3.5.2 规划结果分析

本节设置了三个方案进行规划。

方案 1：不考虑频率安全约束。

方案 2：考虑频率安全约束，但不考虑可再生能源提供频率支撑。

方案 3：考虑频率安全约束，且考虑可再生能源提供频率支撑。

1. 规划模型有效性分析

将可再生能源电量渗透率目标设为 50%进行规划。表 3-5 展示了在方案 2、3 中，是否采用自适应分段线性化对运行时间和投资情况的影响。可以看到，采用自适应分段线性化与不采用自适应分段线性化的投资容量和投资成本相近，但采用自适应分段线性化减少了 30%的计算时间。

表 3-5 自适应分段线性化对计算时间和投资情况的影响

方案编号	计算时间/s		投资容量/MW	投资成本/百万美元
	非自适应分段线性化	自适应分段线性化		
方案 2	432	284	4433	334
方案 3	5019	3537	4442	335

三种方案下的规划结果如图 3-9 所示。在规划总量方面，方案 2 的规划总量最大，且其中可再生能源的容量也最大。这是因为在方案 2 中，只有常规机组提供频率支撑，因此必须保证一定的火电在线容量作为基荷，而为了达到与其他方案相同的可再生能源电量渗透率，即使在风速很小或太阳辐照度很低的情况下，可再生能源也必须填充剩余的发电空间。因此，方案 2 中系统需要更大的可再生

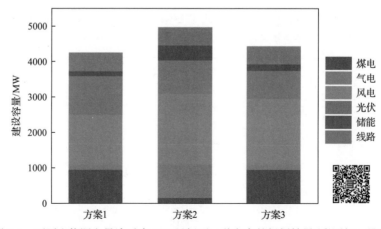

图 3-9 可再生能源电量渗透率 50%目标下三种方案的规划结果(彩图扫二维码)

能源装机容量。从可再生能源弃能率角度来看,与方案 1(3.25%)和方案 3(7.61%)相比,方案 2 的弃能率最高(12.44%),验证了上述解释。而在电源结构方面,方案 2 的气电比例很高,这是由于与煤电相比气电具有更好的灵活性以消纳可再生能源。方案 3 中风电的装机比例比方案 1 大,因为在方案 3 中风电提供频率支撑能力,为保证在常规机组较少时的频率安全,需要更多的风电提供频率支撑。在这三种方案中,第 4 和第 8 条线路都投入建设。

图 3-10 和图 3-11 分别展示了上述三种规划方案在某一典型日下的运行情况及频率安全情况。从图 3-10 看出,方案 1 的火电在线容量最小,因为此方案不考虑频率安全约束。但是图 3-11 显示在这种情况下,最大频率变化率和频率最低点超过了安全阈值。对于方案 2,从图 3-10 看出其火电在线容量始终很高,以维持足够的频率支撑。由于可再生能源在方案 3 中提供了频率支撑,因此火电在线容量可以降低到较低水平,且图 3-11 显示此方案在运行中仍然可以保证频率安全。以上结果表明,本章提出的方法可以在规划中保证频率安全且高效利用风电,而现有的缺乏频率安全约束的规划或未考虑风电的频率支撑的规划无法确保安全性或促进风电的利用。

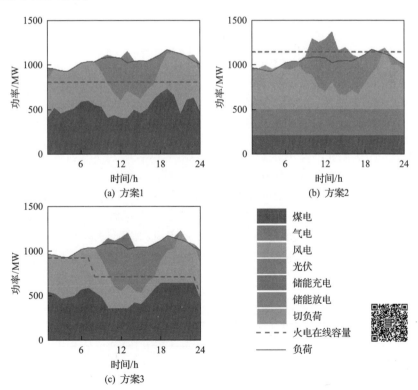

图 3-10　三种规划方案在同一典型日的运行情况及火电在线容量(彩图扫二维码)

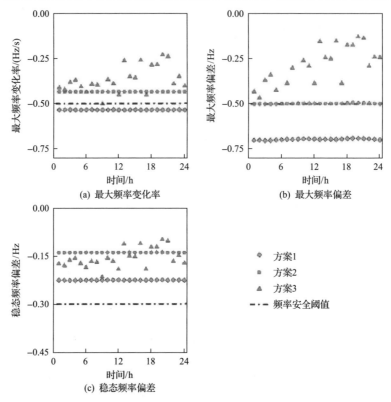

图 3-11　三种规划方案在同一典型日的频率安全情况

2. 不同可再生能源电量渗透率目标下的规划结果

表 3-6 比较了不同方案在可再生能源目标实现、投资容量、投资成本、含频率安全的运行可行性方面的规划结果。可以看出，方案 2 下规划方案的可再生能源电量渗透率最高为 50%，这是因为此方案对火电最小在线容量的需求挤压了可再生能源的发电空间。对于 40%以上的可再生能源电量渗透率，与方案 1 相比，方案 3 的规划容量需要增加 2.7%～12.2%，投资成本需要增加 2.6%～8.5%，但方案 3 可以保证频率安全，而方案 1 则不行。以上结果表明只有在规划中考虑可再生能源的频率支撑才能在保证频率安全下实现较高的可再生能源电量渗透率。

表 3-6　不同可再生能源电量渗透率目标下的规划方案比较

可再生能源电量渗透率目标/%		10	20	30	40	50	60	70	80
是否实现规划目标	方案 1	是	是	是	是	是	是	是	是
	方案 2	是	是	是	是	是	否	否	否
	方案 3	是	是	是	是	是	是	是	是

续表

可再生能源电量渗透率目标/%		10	20	30	40	50	60	70	80
投资容量/MW	方案 1	2306	2652	3131	3676	4249	4997	5879	6930
	方案 2	2306 (0.0%)	2652 (0.0%)	3131 (0.0%)	3897 (6.0%)	4966 (16.9%)	—	—	—
	方案 3	2306 (0.0%)	2652 (0.0%)	3131 (0.0%)	3775 (2.7%)	4433 (4.3%)	5230 (4.7%)	6235 (6.1%)	7778 (12.2%)
投资成本/百万美元	方案 1	117	158	208	265	325	395	477	574
	方案 2	117 (0.0%)	158 (0.0%)	208 (0.0%)	287 (8.3%)	362 (11.4%)	—	—	—
	方案 3	117 (0.0%)	158 (0.0%)	208 (0.0%)	272 (2.6%)	334 (2.8%)	406 (2.8%)	491 (2.9%)	623 (8.5%)
运行可行性/%	方案 1	100	100	100	14	0	0	0	0
	方案 2	100	100	100	100	100	—	—	—
	方案 3	100	100	100	100	100	100	100	100

注：括号中的数字表示相对于方案 1 的投资容量或投资成本增量百分比。

3. 可再生能源降载策略的最优组合

下面分析不同可再生能源电量渗透率下风电的降载策略最优组合，如图 3-12 所示。当可再生能源电量渗透率在 30%及以下时，不需要风电场提供频率支撑。当渗透率超过 30%时，部分风电将采用高位降载策略和百分比降载策略。且随着渗透率上升，采用百分比降载策略的风电场容量比例逐渐增加。这是由于在同样的风速条件下，高位降载策略下的频率支撑能力比其他降载策略弱，随着对可再生能源频率支撑需求的增加，其份额逐步被百分比降载策略替代，百分比降载策

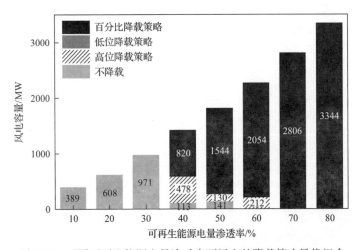

图 3-12　不同可再生能源电量渗透率下风电的降载策略最优组合

略逐渐占主导地位。同时可以发现，低位降载策略并未被采用，可能因为该策略要求的功率备用最大，经济性最弱。因此，就风电场降载策略的最佳组合而言，在中比例可再生能源下，建议采用高位降载和百分比降载策略的配合，而对于较高的可再生能源占比（如 70% 或更高），建议采用百分比降载策略提供频率支持。

参 考 文 献

[1] Fleming P A, Aho J, Buckspan A, et al. Effects of power reserve control on wind turbine structural loading[J]. Wind Energy, 2016, 19(3): 453-469.

[2] EirGrid Group. The grid code[EB/OL]. [2021-05-11]. https://www.eirgridgroup.com/customer-and-industry/general-customer-information/grid-code-info.

[3] Moutis P, Papathanassiou S A, Hatziargyriou N D. Improved load-frequency control contribution of variable speed variable pitch wind generators[J]. Renewable Energy, 2012, 48: 514-523.

[4] Pappu V A K, Chowdhury B, Bhatt R. Implementing frequency regulation capability in a solar photovoltaic power plant[C]. North American Power Symposium, Arlington, 2010.

[5] Karbouj H, Rather Z H, Flynn D, et al. Non-synchronous fast frequency reserves in renewable energy integrated power systems: A critical review[J]. International Journal of Electrical Power & Energy Systems, 2019, 106: 488-501.

[6] Lu Z, Ye Y, Qiao Y. An adaptive frequency regulation method with grid-friendly restoration for VSC-HVDC integrated offshore wind farms[J]. IEEE Transactions on Power Systems, 2019, 34(5): 3582-3593.

[7] Teng F, Trovato V, Strbac G. Stochastic scheduling with inertia-dependent fast frequency response requirements[J]. IEEE Transactions on Power Systems, 2015, 31(2): 1557-1566.

[8] Ye Y, Qiao Y, Lu Z. Revolution of frequency regulation in the converter-dominated power system[J]. Renewable and Sustainable Energy Reviews, 2019, 111: 145-156.

[9] Office of Gas and Electricity Markets. DC0079 - Frequency changes during large disturbances and their impact on the total system[EB/OL]. [2021-05-11]. https://www.ofgem.gov.uk/publications-and-updates/dc0079-frequency-changes-during-large-disturbances-and-their-impact-total-system.

[10] Zhang Z, Du E, Teng F, et al. Modeling frequency dynamics in unit commitment with a high share of renewable energy[J]. IEEE Transactions on Power Systems, 2020, 35(6): 4383-4395.

[11] Rippa S. Adaptive approximation by piecewise linear polynomials on triangulations of subsets of scattered data[J]. SIAM Journal on Scientific and Statistical Computing, 1992, 13(5): 1123-1141.

[12] Du E, Zhang N, Hodge B M, et al. The role of concentrating solar power toward high renewable energy penetrated power systems[J]. IEEE Transactions on Power Systems, 2018, 33(6): 6630-6641.

[13] Gurobi. Gurobi homepage[EB/OL]. [2021-02-08]. http://www.gurobi.com.

[14] Christie R. Power systems test case archive-30 bus power flow test case[EB/OL]. [2021-02-08]. http://labs.ece.uw.edu/pstca/pf30/pg_tca30bus.htm.

[15] Chen X Y, Lv J J, McElroy M B, et al. Power system capacity expansion under higher penetration of renewables considering flexibility constraints and low carbon policies[J]. IEEE Transactions on Power Systems, 2018, 33(6): 6240-6253.

[16] Li H, Lu Z, Qiao Y, et al. The flexibility test system for studies of variable renewable energy resources[J]. IEEE Transactions on Power Systems, 2021, 36(2): 1526-1536.

[17] Zhuo Z, Zhang N, Yang J, et al. Transmission expansion planning test system for AC/DC hybrid grid with high variable renewable energy penetration[J]. IEEE Transactions on Power Systems, 2019, 35(4): 2597-2608.

第4章　含高比例分布式电源的配电网优化控制

高渗透率分布式光伏是未来配电网的一个重要发展趋势。近年来，我国分布式光伏发展十分迅猛。国家能源局统计数据显示，自 2013 年以来，我国分布式光伏逐年增加，截至 2020 年底，全国累计分布式光伏装机 7831 万 kW，占光伏总装机的比重为 30.9%，当年分布式光伏新增装机容量 1552 万 kW，占新增光伏总装机容量的比例为 32%。

分布式光伏具有安装灵活分散、适应电力需求和资源的分布、延缓了配电网升级换代、提高电力备用等优势，但与此同时，分布式光伏的大规模并网打破了现代大电力系统"源荷分离"的特点，改变了配电网形态和潮流分布，给调度运行带来了巨大挑战。首先是分布式光伏的盲调问题。据统计，接入电压等级在 35kV 及以下的分布式光伏四遥接入占比不足 10%，调度中心不能准确掌握分布式光伏的实际运行数据，只能根据经验进行盲调。其次，大量分布式光伏接入配电网，其出力的强波动性以及注入功率带来的"双向潮流"现象，使得配电网的无功电压控制等变得更加困难。而且作为"负负荷"的分布式光伏和常规负荷强耦合而成的广义负荷特性复杂，不确定性强，使其预测变得更加困难。

另外，高渗透率的分布式电源在很大程度上改变了中低压配电网的电网形态与潮流分布，给配电网的电压控制带来了新的挑战。首先，双向潮流引起电压分布改变。分布式电源的大量接入使得配电网潮流分布不再是从变压器低压侧到负荷端单向流动，节点电压沿馈线逐渐降低的结论也不再成立；甚至在光伏出力较高时还会发生由"潮流倒送"引起的电压越限事件。其次，配电网电压波动性增强，电网末端节点在分布式电源大发负荷较小时有过电压风险，在分布式电源出力不足负荷较大时又面临欠电压风险；与此同时，分布式电源波动远比负荷波动更加剧烈，加之预测精度较低，传统基于负荷预测曲线分段优化电容/电抗器投切的方法难以满足电压控制要求。最后，配电网整体处于"低感知度状态"，难以照搬大电网的自动电压控制方法，低压配电网络的潮流状态估计难以建模、收敛困难，无法支撑自动电压控制与无功优化等高级应用。

4.1　分布式光伏数据重构与预测技术

分布式光伏功率预测一个最大的挑战是信息"全黑"站点无法获取功率数据，因此实现"从无到有"的功率数据重构十分必要。但其难点在于完全没有历史功率数据，常用于数据重构的有监督学习方法无法应用，必须利用外部数据来进行非机理性的重构，即建立近邻数据(信息完备站点功率数据)和本地数据(信息"全黑"站点缺失的功率数据)之间的相关关系。

4.1.1 分布式光伏功率遥相关时空特性分析

1. 遥相关时空特性基本概述

基于皮尔逊相关系数[1]进行遥相关时空特性分析，两个序列的线性相关程度可用式(4-1)来表征。其中，$\mathrm{cov}(x,y)$表示序列 x 和序列 y 的协方差，σ_x、σ_y 分别表示 x 和 y 的标准差。

$$\rho(x,y) = \frac{\mathrm{cov}(x,y)}{\sigma_x \sigma_y} \tag{4-1}$$

分布式光伏出力特性基本与集中式光伏一致，不同的分布式光伏之间的出力特性也基本一致，可以认为，同一天，不同空间位置上的光伏日功率曲线具有一定的相关关系。又由于这种相关关系并不是针对同一光伏场站而言的具有物理意义的相关关系，而是一种统计意义上的相关关系，因此将其称为遥相关，指的是近邻的光伏场站与本地的光伏场站的日功率曲线之间存在的相关关系。

探究集中式光伏功率相对于分布式光伏功率的遥相关时空特性，如图 4-1 所示。其中，集中式光伏为信息完备站点，分布式光伏为信息半完备站点。

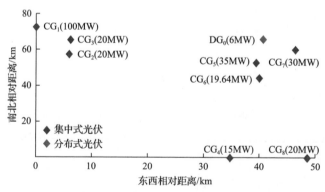

图 4-1　冀北地区承德市部分光伏场站空间分布图

进一步，利用历史数据计算图 4-1 中集中式光伏相较于分布式光伏日功率曲线的相关系数，并统计了多个典型日下相关系数的平均值，如表 4-1 所示。不难看出，与分布式光伏距离较近的集中式光伏的日功率曲线与分布式光伏的日功率曲线的相关性更高，因此空间距离也是后续筛选用于功率数据重构的集中式光伏场站的重要依据。

表 4-1　集中式光伏相对于分布式光伏日功率曲线的平均相关系数

集中式场站	CG_1	CG_2	CG_3	CG_4	CG_5	CG_6	CG_7	CG_8
平均相关系数	0.8094	0.8127	0.8074	0.7886	0.8352	0.8330	0.8485	0.8056

2. 时延相关性

不同位置的光伏日功率曲线存在时延相关性，且随着区域的增大，时延相关性的现象愈加明显，下面展开说明。

时延相关性涉及"时延"和"相关性"两个词。利用皮尔逊相关系数来衡量功率相关性，如式(4-1)所示，称作功率互相关系数。进一步地，定义了两条日功率曲线的时延相关性，称作时延功率互相关系数，即经过一定时间平移后的两条日功率曲线之间的互相关系数，如式(4-2)～式(4-4)所示。

$$\rho(P_n'(d,\mathrm{d}t),P_{\mathrm{DG}}(d))=\frac{\mathrm{cov}(P_n'(d,\mathrm{d}t),P_{\mathrm{DG}}(d))}{\sigma_{P_n'(d,\mathrm{d}t)}\sigma_{P_{\mathrm{DG}}(d)}},\quad d=1,2,\cdots,D \tag{4-2}$$

$$P_n'(d,\mathrm{d}t)=P_n(d,t+\mathrm{d}t) \tag{4-3}$$

$$\mathrm{d}t\in\{x\,|-x_{\max}\leqslant x\leqslant x_{\max},x\in Z,x_{\max}\geqslant 0\} \tag{4-4}$$

式中，$P_{\mathrm{DG}}(d)$ 为分布式场站在 d 日的功率序列；$P_n(d,t+\mathrm{d}t)$ 指将 $P_n(d)$ 的时间序列平移 $\mathrm{d}t$ 后的时间序列，其中 $P_n(d)$ 为集中式场站 n 在 d 日的功率序列；D 为曲线总数目；$\rho(x,y)$ 为序列 x、y 的皮尔逊相关系数；$\mathrm{d}t$ 为时间平移距离，一个单位的时间平移距离表示 5min；$x_{\max}$ 为时间平移距离的最大值，它应保证时间平移后的功率序列属于同一天。需要注意的是，本方法只利用曲线中间 4h 左右的功率序列来计算相关系数，其可以更好地反映光伏功率曲线的特性。

时延功率互相关系数反映了不同站点间功率的时间特性。图 4-2 展示了 CG_7 相对于 DG_0 的四个典型日的时延功率互相关系数以及对应典型日的日功率曲线，其中 CG_7 的功率曲线是根据 DG_0 的容量折算得到的。

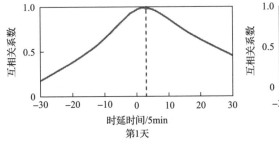

第1天

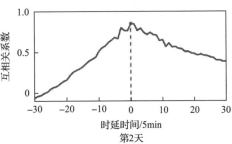

第2天

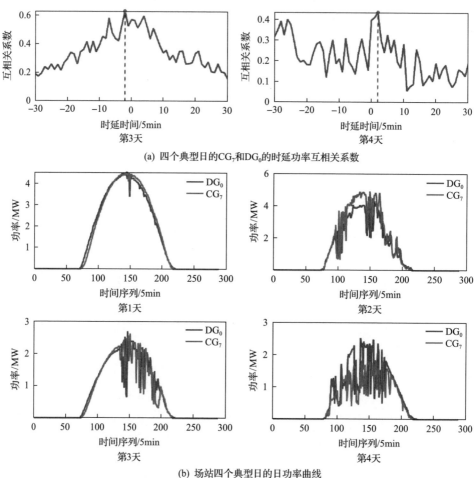

(a) 四个典型日的CG_7和DG_0的时延功率互相关系数

(b) 场站四个典型日的日功率曲线

图 4-2　时延功率互相关特性分析图

由图 4-2 可知，互相关系数随时延的增加先增加后减小，在某个点上达到最大值，称该点为最佳延迟时间。但随着功率曲线波动的增大，这种趋势会减弱。当功率曲线平滑时，如在晴天或阴天，最佳延迟时间基本由场站相对距离决定。当功率曲线波动较大时，可能在阴雨多云天气，最佳延迟时间也可能受到风速或其他天气条件的影响。

进一步地，计算每个集中式场站相对于分布式场站的多个典型日下的平均时延功率互相关系数，如图 4-3 所示。集中式光伏功率曲线与分布式光伏功率曲线之间存在明显的时延相关性，该规律可用于数据重构。

3. 同期电量对比

相同容量下，分布式光伏每日电量略低于集中式光伏同期的每日电量。

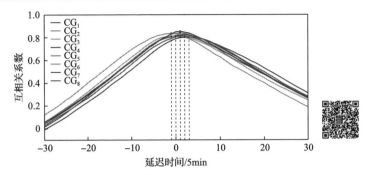

图 4-3　平均时延功率互相关特性分析图(彩图扫二维码)

每日电量是指光伏电站日功率曲线各序列点的和，如式(4-5)所示。

$$Q_n(d) = \sum_{i=1}^{M} P_{n,d}(i) \tag{4-5}$$

式中，M 为功率曲线中数据点的总数；$P_{n,d}(i)$ 为场站 n 在 d 日 i 时刻的有功功率。

每日电量占比是指集中式场站的每日电量大于分布式场站的天数占比，如式(4-6)所示。

$$\text{ratio}_{n,\text{DG}} = \frac{\sum_{d=1}^{D} f(Q_n(d))}{D}, \quad f(Q_n(d)) = \begin{cases} 1, & Q_n(d) \geqslant Q_{\text{DP}}(d) \\ 0, & Q_n(d) < Q_{\text{DP}}(d) \end{cases} \tag{4-6}$$

式中，$Q_{\text{DP}}(d)$ 为分布式场站电量。

为了比较集中式和分布式光伏的每日电量差异，首先需要根据 DG_0 的容量对集中式光伏场站的日功率曲线进行容量折算。进一步地，通过式(4-6)计算每日电量占比，可以得到图 4-4。

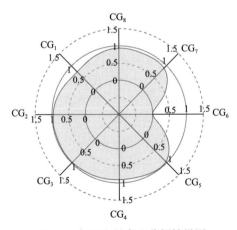

图 4-4　每日电量占比分析结果图

不难看出，除了 CG_6 外，集中式光伏场站的每日电量占比都接近 1，这是因为集中式光伏场站能更好地维护逆变器。而 CG_6 的每日电量占比接近于 0，其原因是 CG_6 的一些逆变器未投入工作。

总的来说，在相同的装机容量下，虽然集中式光伏和分布式光伏的光伏组件的发电特性基本一致，但二者的每日电量仍然存在较大差异，主要原因在于分布式光伏的光伏组件覆尘率和坏损率更高。因此，在后续的研究中，涉及集中式光伏和分布式光伏之间的折算时，不能仅考虑容量折算，还应考虑电量折算。

4.1.2　基于遥相关时空特性的功率数据重构

1. 基本思路

工程上信息"全黑"站点功率数据重构方法是基于最近的信息完备站点的日功率曲线的容量折算方法，该方法有时能够获得高精度，如在晴天。但是该方法未考虑不同空间位置场站日功率曲线之间的时空相关性，影响了重构精度；同时使用单一集中式光伏场站数据进行重构，数据源单一、重构效果不确定性高；并且容量折算法未能利用仅有的实测电量信息。因此，本节提出基于遥相关的信息"全黑"站点缺失功率数据重构方法。

数据重构方法思路如图 4-5 所示。

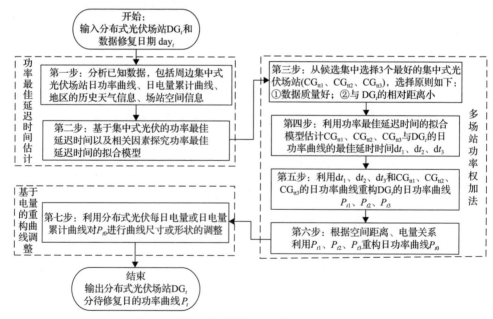

图 4-5　分布式光伏单场功率数据重构基本思路

方法分为三大步骤：功率最佳延迟时间估计、多场站功率权加法和基于电量的重构曲线调整。功率最佳延迟时间估计利用了分布式光伏和集中式光伏的日功率曲线的时间延迟特性，建立空间位置等相关因素与最佳延迟时间的映射关系，使得用于数据重构的经过时延的集中式光伏与目标分布式光伏场站的日功率曲线间更具相关性；多场站功率权加法的研究意义在于降低利用单一集中式光伏日功率曲线的容量重构方法的不确定性，以达到减小功率重构误差和方差的目的；基于电量的重构曲线调整是根据每日电量或日电量累计曲线对重构功率曲线的尺寸或形状进行调整，使得重构日功率曲线满足电量约束。方法实现了对信息"全黑"站点功率"从无到有"的数据重构。下面，对这三大步骤分别进行详细说明。

2. 不同数据条件下功率最佳延迟时间估计

最佳延迟时间是指一个时间功率序列 B 相对于另一个时间功率序列 A 经过一定时间长度的时间平移后两个序列可以获得最大的相关系数，最大相关系数对应的时间平移距离即为序列 B 对序列 A 的最佳延迟时间，如式(4-7)所示。

$$\begin{aligned} &\underset{dt}{\arg\max} \quad |\rho(P_A(t), \tilde{P}_B(t))| \\ &\text{s.t.} \quad \tilde{P}_B = P_B(t+dt) \\ &\qquad dt \in \{x \,|-x_{\max} \leqslant x \leqslant x_{\max}, x \in Z, x_{\max} \geqslant 0\} \end{aligned} \tag{4-7}$$

式中，$\rho(x, y)$ 为序列 x 和 y 的皮尔逊相关系数；$P_A(t)$ 和 $P_B(t)$ 分别为时间功率序列 A 和 B。该优化的 dt 最优解即为最佳延迟时间。

功率最佳延迟时间估计的目的是估计周边集中式光伏日功率曲线相对于目标分布式光伏(信息"全黑"站点)日功率曲线的最佳延迟时间。对于功率最佳延迟时间估计，根据不同的数据条件，有不同的方法选择。目前部分信息"全黑"站点拥有每日电量数据，还有一部分拥有低时间分辨率的日电量累计曲线。下面根据不同的数据条件分成两部分介绍功率最佳延迟时间估计方法。

1) 基于线性模型的功率最佳延迟时间估计

对于拥有每日电量数据的信息"全黑"站点，利用周边某集中式光伏日功率曲线替代目标分布式光伏日功率曲线，估计周边其他的集中式光伏日功率曲线相对于目标分布式光伏日功率曲线的最佳延迟时间。下面用图 4-6 进行解释。

图 4-6 中，DG_t、CG_{t1}、CG_{t2} 和 CG_{t3} 分别表示目标分布式光伏和其周围的三个集中式光伏。l_1、l_2 和 l_3 分别表示三个集中式光伏相对于分布式光伏的直线距离。l_{13}、l_{23} 和 l_{12} 分别表示集中式光伏之间的直线距离。θ_{12} 和 θ_{13} 表示夹角。

以利用 CG_{t1} 的日功率曲线 $P_{CG_{t1}}$ 替代分布式光伏的日功率曲线估计 CG_{t2} 和 CG_{t3} 的日功率曲线 $P_{CG_{t2}}$ 和 $P_{CG_{t3}}$ 相对于分布式光伏的日功率曲线的最佳延迟时间

为例进行说明。将 $P_{\mathrm{CG}_{t1}}$、$P_{\mathrm{CG}_{t2}}$ 和 $P_{\mathrm{CG}_{t1}}$、$P_{\mathrm{CG}_{t3}}$ 分别代入式 (4-7) 可以得到 $P_{\mathrm{CG}_{t2}}$ 相对于 $P_{\mathrm{CG}_{t1}}$ 的最佳延迟时间 $\mathrm{d}t_{12}$ 和 $P_{\mathrm{CG}_{t3}}$ 相对于 $P_{\mathrm{CG}_{t1}}$ 的最佳延迟时间 $\mathrm{d}t_{13}$。

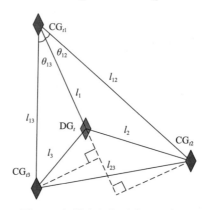

图 4-6　场站空间相对位置示意图

进一步地，基于功率最佳延迟时间与场站空间距离基本呈线性关系的假设，由 $\mathrm{d}t_{12}$ 和 $\mathrm{d}t_{13}$ 可以估计得到 $P_{\mathrm{CG}_{t2}}$ 和 $P_{\mathrm{CG}_{t3}}$ 相对于 DG_t 日功率曲线的最佳延迟时间 $\mathrm{d}t_{t12}$ 和 $\mathrm{d}t_{t13}$，如式 (4-8) 所示。

$$\mathrm{d}t_{t1j} = \mathrm{d}t_{1j} \times \cos\theta_{1j} \times \left(1 - \frac{l_1}{l_{1j} \times \cos\theta_{1j}}\right), \quad j = 2, 3 \qquad (4\text{-}8)$$

2) 基于非线性模型的功率最佳延迟时间估计

对于拥有低时间分辨率的日电量累计曲线的信息"全黑"站点，功率最佳延迟时间估计的基本思路是将集中式光伏的日电量累计曲线间的最佳延迟时间、空间相对距离等作为输入特征，集中式光伏的日功率曲线的最佳延迟时间作为输出，训练得到集中式光伏日功率曲线相对于分布式光伏日功率曲线的功率最佳延迟时间估计模型。

进一步地，基于图 4-1 所示的 8 个集中式光伏的空间相对位置、一年的日电量累计曲线、一年的日功率曲线进行最佳延迟时间拟合模型的训练。下面对模型的输入输出特征进行相关性分析。相关性用皮尔逊相关系数定量计算。

图 4-7 所示为场站的南北距离、东西距离、电量最佳延迟时间与功率最佳延迟时间的一年的相关系数分布图。不难发现，距离数据和功率最佳延迟时间呈现弱相关性，电量最佳延迟时间与功率最佳延迟时间呈现强相关性。

进一步地，根据冀北地区承德市的天气后报将一年 365 天根据天气情况分成晴、阴、多云、雨和其他 5 类。其中晴天 143 天，阴天 5 天，多云 149 天，雨天 63 天，其他天气 5 天。然后计算了在不同天气类型下距离数据、电量最佳延迟时

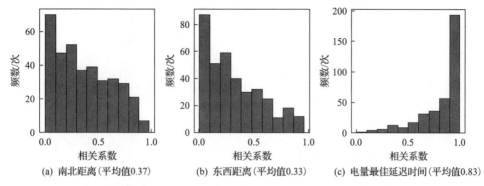

图 4-7　场站距离数据、电量最佳延迟时间和功率最佳延迟时间的相关系数分布图

间与功率最佳延迟时间相关系数的平均值，如图 4-8 所示。不同天气类型下，距离数据、电量最佳延迟时间数据与功率最佳延迟时间数据的相关系数存在差异。

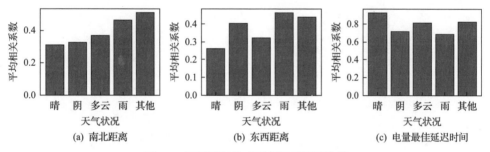

图 4-8　不同天气类型下相关系数平均值

　　基于相关性分析，以场站南北距离、东西距离和电量最佳延迟时间作为输入特征，功率最佳延迟时间作为输出特征，训练功率最佳延迟时间估计模型，并根据天气类型，分为晴阴模型、多云模型和恶劣天气模型三种。最后利用 XGBoost 机器学习算法进行模型的训练，训练结果如图 4-9 所示。

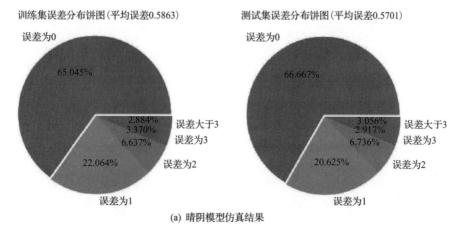

(a) 晴阴模型仿真结果

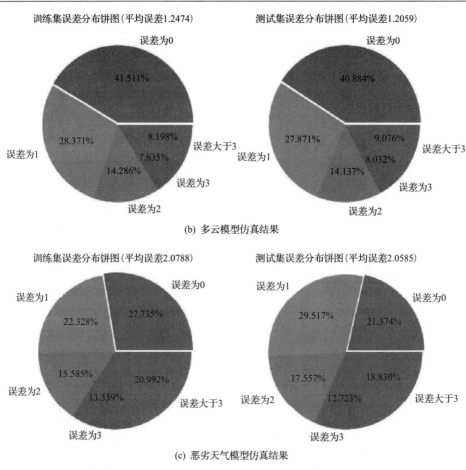

(b) 多云模型仿真结果

(c) 恶劣天气模型仿真结果

图 4-9　功率最佳延迟时间估计模型拟合结果

百分比数据加和不为 100%是四舍五入引起的

图 4-9 中，误差为 1 是指 1 个单位的延迟时间，即 5min。不难看出，晴阴模型的拟合误差最小，平均误差不到 1。恶劣天气模型拟合误差最大，平均误差约为 2。这是因为，晴阴模型对应的天气状况更加稳定，光伏的日功率曲线更加平滑，更加容易学习到距离数据、电量最佳延迟时间和功率最佳延迟时间的规律。总体来看，整体的平均误差约为 1，即 5min，在可接受的范围之内。

3. 降低重构不确定的多场站功率权加法

多场站功率权加法是指利用目标分布式光伏场站周边的多个集中式场站的经过时延的日功率曲线，通过距离、电量的加权叠加得到分布式光伏的初始重构日功率曲线。该方法有利于考虑不同空间位置场站的日功率曲线与目标场站日功率曲线之间的空间相关性，从而减小使用单一场站日功率曲线进行重构的不确定性，是一种折中的结果，有利于提高整体的重构精度，降低模型重构误差的方差。

首先，根据数据质量、与分布式光伏场站的距离这两个数据条件筛选出 3 个集中式光伏场站。然后，基于 3 个集中式光伏场站的日功率曲线以及功率最佳延迟时间估计模型估计得到它们相对于目标分布式光伏场站的功率最佳延迟时间，进而得到各集中式光伏经过时延的日功率曲线。最后，将各经过时延的日功率曲线通过距离、电量的加权叠加并取平均值得到分布式光伏的初始重构日功率曲线 $P_{\mathrm{ori}}(t)$。

下面，仍以图 4-6 所示的 4 个光伏场站解释多场站功率权加法。其中 DG_t 为目标分布式光伏场站，CG_{t1}、CG_{t2} 和 CG_{t3} 为三个筛选得到的集中式光伏场站。多场站功率权加法即可由式(4-9)～式(4-12)表示。

$$P_{t1}(t) = \frac{l_3 \times Q_{\mathrm{DG}_t}}{(l_3 + l_2) \times Q_{\mathrm{CG}_{t2}}} P_{\mathrm{CG}_{t2}}(t + \mathrm{d}t_{t2}) + \frac{l_2 \times Q_{\mathrm{DG}_t}}{(l_3 + l_2) \times Q_{\mathrm{CG}_{t3}}} P_{\mathrm{CG}_{t3}}(t + \mathrm{d}t_{t3}) \quad (4\text{-}9)$$

$$P_{t2}(t) = \frac{l_3 \times Q_{\mathrm{DG}_t}}{(l_1 + l_3) \times Q_{\mathrm{CG}_{t1}}} P_{\mathrm{CG}_{t1}}(t + \mathrm{d}t_{t1}) + \frac{l_1 \times Q_{\mathrm{DG}_t}}{(l_1 + l_3) \times Q_{\mathrm{CG}_{t3}}} P_{\mathrm{CG}_{t3}}(t + \mathrm{d}t_{t3}) \quad (4\text{-}10)$$

$$P_{t3}(t) = \frac{l_2 \times Q_{\mathrm{DG}_t}}{(l_1 + l_2) \times Q_{\mathrm{CG}_{t1}}} P_{\mathrm{CG}_{t1}}(t + \mathrm{d}t_{t1}) + \frac{l_1 \times Q_{\mathrm{DG}_t}}{(l_1 + l_2) \times Q_{\mathrm{CG}_{t2}}} P_{\mathrm{CG}_{t2}}(t + \mathrm{d}t_{t2}) \quad (4\text{-}11)$$

$$P_{\mathrm{ori}}(t) = \frac{P_{t1}(t) + P_{t2}(t) + P_{t3}(t)}{3} \quad (4\text{-}12)$$

式中，P_i、$Q_i (i = \mathrm{CG}_{t1}, \mathrm{CG}_{t2}, \mathrm{CG}_{t3})$ 分别为集中式光伏的日功率曲线和每日电量；Q_{DG_t} 为分布式光伏场站的每日电量；$\mathrm{d}t_{ti} (i = 1,2,3)$ 为各集中式光伏相对于分布式光伏的功率最佳延迟时间；$l_i (i = 1,2,3)$ 为各集中式光伏场站相对于分布式光伏场站的直线距离。

4. 基于电量的重构曲线调整

分布式光伏单场功率数据重构的最后一步是基于电量的重构曲线调整，即根据分布式光伏的每日电量或日电量累计曲线调整多场站功率权加法得到的初始重构日功率曲线，使得根据最终的重构日功率曲线计算得到的电量值与实际采集值相等。下面根据不同的数据条件分成两部分介绍基于电量的重构曲线调整。

1) 基于每日电量的重构曲线尺寸调整

当分布式光伏仅拥有每日电量时，重构曲线的调整实际上是保证曲线形状不变，根据式(4-13)对重构曲线的尺寸进行调整，从而得到最终的重构日功率曲线 P'_{DG_t}。

$$P'_{\text{DG}_t} = P_{\text{ori}} - P_{\text{ori}} \times (Q_{\text{ori}} - Q_{\text{DG}_t}) / Q_{\text{ori}} \tag{4-13}$$

式中，P_{ori} 为多场站功率权加法得到的初始重构日功率曲线；Q_{ori} 为利用 P_{ori} 计算得到的初始重构每日电量；Q_{DG_t} 为分布式光伏场站已知的每日电量。

2) 基于日电量累计曲线的重构曲线形状优化

当分布式光伏拥有低分辨率的日电量累计曲线时，可以通过更加细致的优化使得多场站功率权加法得到的初始重构日功率曲线 P_{ori} 更加接近真实曲线。下面先介绍该数据条件下重构曲线形状优化涉及的符号，如表 4-2 所示。

表 4-2　分布式光伏重构曲线形状优化相关符号说明

符号	含义
$P_{\text{DG}_t} = [P_{\text{DG}_t,1}, P_{\text{DG}_t,2}, \cdots, P_{\text{DG}_t,288}]$	未知的目标分布式光伏的日功率曲线，时间间隔 5min，一天 288 个点。待求
$Q_{\text{DG}_t} = [Q_{\text{DG}_t,1}, Q_{\text{DG}_t,2}, \cdots, Q_{\text{DG}_t,24}]$	已知的分布式光伏日电量累计曲线，时间间隔 1h，一天 24 个点
$Q'_{\text{DG}_t} = [Q'_{\text{DG}_t,1}, Q'_{\text{DG}_t,2}, \cdots, Q'_{\text{DG}_t,288}]$	由 Q_{DG_t} 插值得到的插值日电量累计曲线，时间间隔 5min，一天 288 个点
$P_{\text{ori}} = [P_{\text{ori},1}, P_{\text{ori},2}, \cdots, P_{\text{ori},288}]$	通过多场站功率权加法得到的初始重构日功率曲线，时间间隔 5min，一天 288 个点
$Q_{\text{ori}} = [Q_{\text{ori},1}, Q_{\text{ori},2}, \cdots, Q_{\text{ori},288}]$	由 P_{ori} 计算得到的重构日电量累计曲线，时间间隔 5min，一天 288 个点
$P_{\text{opt}} = [P_{\text{opt},1}, P_{\text{opt},2}, \cdots, P_{\text{opt},288}]$	重构曲线形状优化中的优化变量，称作优化日功率曲线，时间间隔 5min，一天 288 个点
$Q_{\text{opt}} = [Q_{\text{opt},1}, Q_{\text{opt},2}, \cdots, Q_{\text{opt},288}]$	通过 P_{opt} 计算得到的优化日电量累计曲线，时间间隔 5min，一天 288 个点
$\Delta P_{\text{opt}} = [\Delta P_{\text{opt},1}, \Delta P_{\text{opt},2}, \cdots, \Delta P_{\text{opt},288}]$	优化中 P_{opt} 在 P_{ori} 基础上可变化的比例，称作功率调整比例，不同出力水平下取值不同
i_{t1}	功率上升时间，保证这个时刻之前的功率曲线单调递增。利用 P_{opt} 求解
i_{t2}	功率下降时间，保证这个时刻之后的功率曲线单调递减。利用 P_{opt} 求解

重构曲线形状优化的目标是使优化日电量累计曲线 Q_{opt} 与插值后的插值日电量累计曲线 Q'_{DG_t} 差距最小。具体的重构曲线形状优化模型如式 (4-14) 所示。

$$
\begin{aligned}
&\min \| Q'_{\text{DG}_t} - Q_{\text{opt}} \| \\
&\text{s.t.} \quad Q_{\text{opt},1} = 0 \\
&\qquad Q_{\text{opt},i} = Q_{\text{opt},i-1} + (P_{\text{opt},i} + P_{\text{opt},i-1}) / 8, \ i = 2, 3, \cdots, 288 \\
&\qquad P_{\text{opt},i} \leqslant P_{\text{ori},i} + P_{\text{ori},i} \times \Delta P_{\text{opt},i}, \ i = 1, 2, \cdots, 288 \\
&\qquad P_{\text{opt},i} \geqslant \max\{0, P_{\text{ori},i} - P_{\text{ori},i} \times \Delta P_{\text{opt},i}\}, \ i = 1, 2, \cdots, 288 \\
&\qquad P_{\text{opt},i} \leqslant P_{\text{opt},i+1}, \ i = 1, 2, \cdots, i_{t1} \\
&\qquad P_{\text{opt},i} \geqslant P_{\text{opt},i+1}, \ i = i_{t2}, i_{t2}+1, \cdots, 288
\end{aligned}
\tag{4-14}
$$

式中，前两个约束条件表示的是由优化变量 P_{opt} 计算 Q_{ori} 的等式约束；中间两个约束表示优化变量 P_{opt} 在以 P_{ori} 为标准、以 ΔP_{opt} 为比例扩展出来的空间进行优化；最后两个约束表示分布式光伏重构日功率曲线需要保证在曲线两头存在单调递增和单调递减的时间段，以日功率曲线 P_{ori} 的单调递增和单调递减时间段作为 i_{t1} 和 i_{t2} 的取值。

图 4-10 所示为该优化的优化空间示意图。不难看出该优化空间是一个不规则的非凸区域，因此使用梯度下降法等经典方法难以求解，采用遗传算法求解。

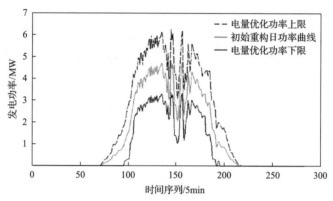

图 4-10 重构曲线形状优化的优化空间示意图

直接求解式(4-14)所示的模型，优化变量太多，遗传算法求解速度慢，易陷入局部最优，因此以 1h 为时间单位提出分段求解方法，其数学模型如式(4-15)所示。

$$\min \| Q'_{h,\mathrm{DG}_t} - Q_{h,\mathrm{opt}} \|$$

$$\mathrm{s.t.} \quad Q_{h,\mathrm{opt},1} = \begin{cases} 0, & h=1 \\ Q_{h-1,\mathrm{opt},12}, & h>1 \end{cases}$$

$$Q_{h,\mathrm{opt},i} = Q_{h,\mathrm{opt},i-1} + (P_{h,\mathrm{opt},i} + P_{h,\mathrm{opt},i-1}) / 24, \quad i=2,3,\cdots,12$$

$$P_{h,\mathrm{opt},i} \leqslant P_{h,\mathrm{ori},i} + P_{h,\mathrm{ori},i} \times \Delta P_{h,\mathrm{opt},i}, \quad i=1,2,\cdots,12 \qquad (4\text{-}15)$$

$$P_{h,\mathrm{opt},i} \geqslant \max\{0, P_{h,\mathrm{ori},i} - P_{h,\mathrm{ori},i} \times \Delta P_{h,\mathrm{opt},i}\}, \quad i=1,2,\cdots,12$$

$$P_{h,\mathrm{opt},i} \leqslant P_{h,\mathrm{opt},i+1}, \quad 12(h-1)+i \leqslant i_{t1}$$

$$P_{h,\mathrm{opt},i} \geqslant P_{h,\mathrm{opt},i+1}, \quad 12(h-1)+i \geqslant i_{t2}$$

式中，下标 $h(h=1,2,\cdots,24)$ 表示第 h 小时的时间段，每个变量每个时间段包含 12 个数据点。其他符号和下标的含义见表 4-2。

4.1.3 基于三维卷积神经网络的网格化预测模型

三维卷积神经网络[2]通过三维卷积运算能够有效提取输入矩阵的时空特征信

息，是与所提的分布式光伏网格化预测相适应的神经网络模型。

　　和全连接神经网络相比，三维卷积神经网络特殊的、包含时空维度的输入矩阵，以及能够提取时空特征信息的卷积运算使得其在网格化的预测任务中更加适用。和二维卷积神经网络相比，它的三维卷积核能够提取输入矩阵的时序信息，丰富了输入特征。和卷积长短期记忆(long short-term memory，LSTM)神经网络[3]相比，其网络结构更加简单，类似网络层数下待训练参数更少，有利于缓解过拟合风险，更加适用于小样本数据集的训练任务。对于相同的输入、类似的网络结构，三维卷积神经网络相较于全连接神经网络、二维卷积神经网络、卷积 LSTM 神经网络有更好的训练效果。因此，使用三维卷积神经网络作为网格化预测模型。

　　下面对本预测模型的输入输出矩阵进行介绍。总体而言，模型可利用的输入数据包括各网格内的分布式或集中式光伏历史日功率曲线、网格内集中式光伏的预测日的日功率曲线和预测日的数值天气预报(numerical weather prediction，NWP)辐照数据。模型输出为各网格某时刻 t 的分布式光伏功率数据，是一个元素个数为总网格数的向量(也可表示成一个与区域内网格的行数、列数相对应的二维矩阵)。

　　三维卷积神经网络的高维输入矩阵的基本形式为 $(C_{in}, W_{in}, H_{in}, L_{in})$。对应于网格化预测模型，$C_{in}$ 为通道数，表征数据类型特征，包括相似日的分布式/集中式光伏功率、预测日的集中式光伏预测功率以及 NWP 辐照数据。W_{in}、H_{in} 为输入矩阵的宽和高，表征对应空间位置网格的行数和列数。L_{in} 表示输入矩阵的长，表征日功率曲线的时间维度特征。

　　举例说明，设一个相似日集合包含 N 个相似日，大区域是包含 W 行 H 列的网格，则 C_{in}、W_{in}、H_{in} 可由式(4-16)~式(4-18)计算得到。至于 L_{in}，则可以根据模型训练效果进行确定，如 L_{in} 可取 3，即利用输出时刻附近 3 个时刻的数据作为输入进行预测。

$$C_{in} = 2 \times N + 2 \tag{4-16}$$

$$W_{in} = W \tag{4-17}$$

$$H_{in} = H \tag{4-18}$$

　　简而言之，本模型将具有 $W_{in} \times H_{in}$ 个网格的相似日每个相似日的 C_{in} 条数据曲线、每条数据曲线中在 t 时刻附近的长度为 L_{in} 的序列作为输入，得到 $W_{in} \times H_{in}$ 个不同网格内分布式光伏的 t 时刻的预测功率，如图 4-11 所示，其中 L_{in} 取 3。

　　和单网格的功率预测相比，本模型对于输入特征加入了集中式光伏的历史和预测数据，同时三维卷积神经网络可以根据高维输入矩阵的形式挖掘出不同位置网格功率之间的空间特征，还可以提取输出时刻 t 与周围时刻的时序关系，极大地丰富了预测模型的输入空间,从而可以获得更好的预测效果。

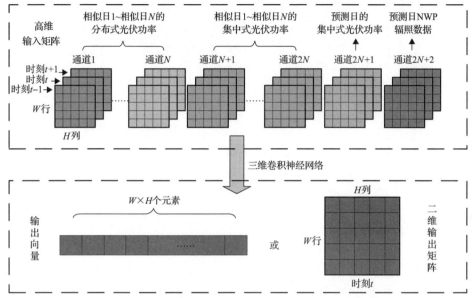

图 4-11　基于三维卷积神经网络预测模型的输入输出矩阵说明示意图

需要说明的是,相较于卷积神经网络经常应用的图片领域,将三维卷积神经网络应用于预测领域存在训练样本较少的问题,若仍然使用深层结构,必然会导致模型过拟合。从网络结构和样本增加这两个方法去解决训练样本少的问题。在网络结构方面,简化网络结构,采用浅层卷积神经网络模型进行训练,同时加入 Dropout 等方法降低过拟合风险。在样本增加方面,一方面以某个时刻的光伏功率作为输出,另一方面将 5min 时间分辨率的日功率曲线作为研究对象,从而丰富样本空间。

4.1.4　基于起止发电时刻统计规律的预测功率曲线修正

基于三维卷积神经网络预测模型得到的预测日功率曲线,其“头部”和“尾部”会存在较大的相对误差。其原因在于该部分值较小,在神经网络预测模型中经过多次迭代其影响作用会变低,从而难以预测。对此,本节提出了基于起止发电时刻统计规律的预测功率曲线修正方法,修正预测日功率曲线的“头部”和“尾部”。

起止发电时刻,是起始发电时刻和停止发电时刻的简称,即光伏日功率曲线中大于 0 的第一个点和最后一个点对应的时刻。光伏出力的起止发电时刻基本取决于每日的太阳升起和落山的时刻,而该时刻又是与日期呈现一定关系的。图 4-12 所示为某分布式光伏 1 年的起止发电时刻的散点图。不难发现,剔除一些异常点,起始发电时刻、停止发电时刻与日期序列是呈现出一定的函数关系的。

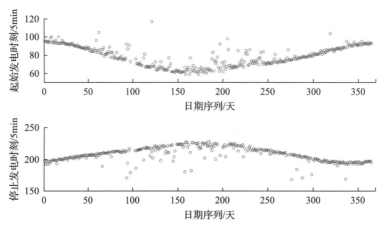

图 4-12　某分布式光伏 1 年的起止发电时刻散点图

　　另外，分布式光伏的倾角一般是固定的，其起止发电时刻取决于太阳高度角，因此起止发电时刻与日期序列的函数关系可以用正弦函数和余弦函数，即傅里叶级数来拟合，如式 (4-19) 所示，式中 x 为日期序列，a_0、a_i、b_i 和 ω 为待求未知量。n 表示傅里叶级数的项数，其值越大则模型越复杂、拟合精度越高但可能带来过拟合风险。上述未知数可根据历史分布式光伏起止发电时刻和日期序列求得。

$$y(x) = a_0 + \sum_{i=1}^{n} a_i \cos(i \cdot \omega \cdot x) + b_i \sin(i \cdot \omega \cdot x) \tag{4-19}$$

　　根据历史数据可以通过曲线拟合求得起止发电时刻与日期序列的函数关系，从而可以根据预测日期预测起止发电时刻。又因为在起止发电时刻附近 (1h 左右)，光伏的日功率曲线基本呈现线性的单调性，因此当我们确定起止发电时刻后，利用日功率曲线的线性单调性就可以修正预测日功率曲线的"头部"和"尾部"。

4.2　含高比例分布式电源的配电网电压控制与无功优化

4.2.1　适用于低感知度配电网的电压控制模型

　　适用于低感知度配电网的电压控制模型如下：

$$\min_{Q^0} F_{\mathrm{u}} = \sum_{N_i \in N_k^0} \left(U_i^{\mathrm{ref}} - \hat{U}_i - \Delta \varphi_i(P^0, Q^0) \right)^2$$

$$\text{s.t. } U_i^{\min} \leqslant \varphi_i(P^0, Q^0) \leqslant U_i^{\max} \tag{4-20}$$

$$(Q_{\mathrm{DG}i} + \Delta Q_{\mathrm{DG}i})^2 + (P_{\mathrm{DG}i} + \Delta P_{\mathrm{DG}i})^2 \leqslant S_{\mathrm{DG}i}^{\max}$$

式中，F_u 为电压控制模型的优化目标；N_k^0 为关键节点集合；U_i^{ref} 为关键节点电压参考值；$\hat{U}_i$ 为关键节点电压实测值；P^0、Q^0 分别为可观测节点有功注入功率和无功注入功率集合；φ_i 为可观测节点注入功率与关键节点电压之间的调压函数关系，由深度调压网络根据系统历史运行数据进行拟合；U_i^{max} 和 U_i^{min} 分别为关键节点电压的上下限；Q_{DGi} 和 P_{DGi} 分别为第 i 个分布式电源的有功出力和无功出力；S_{DGi}^{max} 为第 i 个分布式电源变流器的容量限制；ΔQ_{DGi} 和 ΔP_{DGi} 分别为第 i 个分布式电源的有功调节量和无功调节量。

4.2.2　基于深度调压网络的电压控制方法

1. 基于梯度下降的集中式电压控制

由于如式(4-20)所示的适用于低感知度配电网的电压控制模型中用深度调压网络拟合的调压函数关系 φ_i 为一个非线性函数关系，因此该模型为一个非凸优化问题，难以直接求解。对于这类优化问题，可以直接采用梯度下降法得到近似最优解。目前已有相关研究采用梯度下降法对电压控制模型进行求解，这种方法首先计算优化目标对节点注入功率的梯度，如式(4-21)所示：

$$g_Q = \frac{\partial F_u}{\partial Q^0}$$
$$g_P = \frac{\partial F_u}{\partial P^0} \tag{4-21}$$

式中，Q^0 和 P^0 分别为可观测节点无功注入功率和有功注入功率的集合；g_Q 和 g_P 分别为优化目标函数对无功注入功率和有功注入功率的梯度。

在低感知度配电网电压控制模型中用深度调压网络拟合调压函数，当深度调压网络训练完毕后，可以将其参数固定，然后根据式(4-20)计算优化目标并采用反向传播(back propagation，BP)算法进行梯度回传，可以直接得到优化目标对节点注入功率的梯度 g_Q 和 g_P。

求得优化目标对可观测节点注入功率的梯度后，在指令周期内进行梯度下降：

$$Q^0(k+1) = Q^0(k) - \lambda \times g_Q$$
$$P^0(k+1) = P^0(k) - \lambda \times g_P \tag{4-22}$$

式中，$Q^0(k)$ 和 $Q^0(k+1)$ 分别为第 k 个指令周期和第 $k+1$ 个指令周期可观测的分布式电源(可控无功源)的无功注入功率；$P^0(k)$ 和 $P^0(k+1)$ 分别为第 k 个指令周期和第 $k+1$ 个指令周期可观测分布式电源(可控有功源)的有功注入功率；λ 为更新步长。

2. 电压控制流程

采用梯度下降法进行电压控制最关键的一步是计算得到优化目标对节点注入功率的梯度。如前文所述，基于深度调压网络的电压控制方法，可以将在系统历史运行数据上预训练好的深度调压网络参数固定，然后计算优化目标函数并进行梯度回传，得到 g_Q 和 g_P。

因此基于深度调压网络的电压控制可以主要分为两个步骤——离线训练和在线控制，整体示意图如图 4-13 所示。离线训练部分主要是收集有效的系统历史运行数据，并进行相应的预处理，计算相应的损失函数，进行梯度回传，利用优化求解算法更新深度调压网络参数，对其进行训练。在离线深度调压网络模型训练过程中深度调压网络参数可变，是采用梯度下降进行优化的对象，在图 4-13 中用虚线表示。

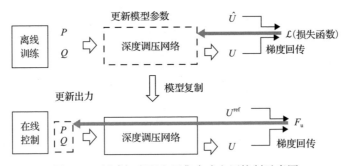

图 4-13　低感知度配电网集中式电压控制示意图

当深度调压网络离线训练完毕之后可以直接将网络参数复制到调度系统中进行在线的电压控制。在线控制过程中首先通过调度系统收集通信系统反馈回的可观测节点潮流矩阵，并对其进行统一的归一化处理。然后正向传播计算当前状态下关键节点电压的预测值，根据式(4-20)计算电压控制目标函数，然后进行反向传播，计算目标函数对节点注入潮流矩阵的梯度。在此过程中深度调压网络的参数固定并不进行参数更新，在图 4-13 中用实线表示。而节点潮流矩阵则需要根据计算得到的梯度按照式(4-22)进行更新，在图中用虚线表示。

基于深度调压网络的适用于低感知度配电网的电压控制方法整体流程图如图 4-14 所示，主要包括以下步骤。

(1)电压控制动作触发。在调度系统中通常会按照式(4-23)设置一定的无功动作死区：

$$(1-\gamma)U_k^{\mathrm{ref}} \leqslant \hat{U}_k \leqslant (1+\gamma)U_k^{\mathrm{ref}} \tag{4-23}$$

式中，U_k^{ref} 为关键节点参考值；$\hat{U}_k$ 为关键节点电压实测值；γ 为缓冲系数，当关键节点电压实测与参考值的偏差在动作死区内时这一动作周期不进行无功调节。根据文献[4]，设置缓冲系数为 0.01，即当关键节点电压实测值在 $0.99U_k^{\text{ref}} \sim 1.01$ U_k^{ref} 范围内时此动作周期内不动作。

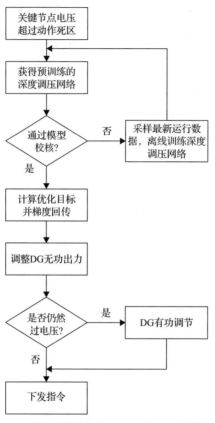

图 4-14　适用于低感知度配电网的电压控制流程图

(2)导入离线深度调压网络，校验模型精度。调度系统导入预训练好的深度调压网络模型，考虑到随着时间推移，配电网网络结构和支路参数可能发生变化且数据分布也可能和模型训练过程中离线采样的数据集分布不同，导致模型失效，因此在使用深度调压网络进行电压控制之前需要对其进行精度校验，校验方式如式(4-24)所示：

$$\begin{aligned} &\left\| \varphi(P^0, Q^0) - \hat{U} \right\|_\infty < \varepsilon \\ &\max_i \left| \varphi_i(P^0, Q^0) - \hat{U}_i \right| < \varepsilon \end{aligned} \qquad (4\text{-}24)$$

式中，$\varphi(P^0, Q^0)$ 为深度调压网络拟合得到的调压函数，其输出维度为 $1 \times m$，m 为关键节点个数；$\hat{U}$ 为关键节点实测电压向量；ε 为一个设定的校核阈值，取为 0.01。

用深度调压网络的预测向量与实测向量的无穷范数衡量深度调压网络的拟合精度，即当深度调压网络最大的预测误差不超过 0.01 时，校核通过可以进行下一步电压控制，否则重新采集最新运行数据作为训练集训练新的深度调压网络。

(3) 获得优化目标对节点注入功率的梯度。首先正向传播计算当前状态下关键节点电压的预测值，根据式(4-20)计算电压控制目标函数，然后利用反向传播算法，计算目标函数对节点注入潮流矩阵的梯度。

(4) 调整可观测分布式电源出力。得到目标函数对注入潮流的梯度后，便可按照式(4-22)采用梯度下降法进行电压控制。为了保证新能源的消纳率，减少弃风弃光现象，分布式电源的功率调整采用"先无功后有功"，即在有无功容量时，优先调整无功容量，无功容量用尽后再采用有功缩减等策略进行电压控制。

(5) 下发本周期电压控制指令。

3. 关键节点的参考值设置

配电网的无功电压控制一方面要使得节点电压尽量满足设定的电压曲线，保证电压不越限，有较大的无功裕度；另一方面也要使得系统运行在一个相对经济的状态下[5]。可以用有功网损 P_{loss} 衡量系统经济运行的指标，可以通过控制关键节点的参考电压 U_k^{ref} 来实现系统经济性优化，即在保证节点电压不越限的条件下使得有功网损最小。

节点 i 和节点 j 之间的电流可用式(4-25)计算：

$$I_{ij} = (U_i \angle \theta_i - U_j \angle \theta_j)(G_{ij} + \mathrm{j}B_{ij}) \tag{4-25}$$

式中，U_i 和 U_j 分别为节点 i 和节点 j 的电压幅值；θ_i 和 θ_j 分别为节点 i 和节点 j 的电压相角；G_{ij} 和 B_{ij} 分别为支路 ij 的电导和电纳；I_{ij} 为节点 i 流向节点 j 的电流。可得支路 ij 上的损失功率 $S_{\text{loss}ij}$ 为

$$
\begin{aligned}
S_{\text{loss}ij} &= (U_i \angle \theta_i - U_j \angle \theta_j)I_{ij}^* \\
&= (U_i \angle \theta_i - U_j \angle \theta_j)(U_i \angle -\theta_i - U_j \angle -\theta_j)(G_{ij} - \mathrm{j}B_{ij}) \\
&= [U_i^2 + U_j^2 - 2U_i U_j \cos(\theta_i - \theta_j)](G_{ij} - \mathrm{j}B_{ij})
\end{aligned} \tag{4-26}
$$

考虑到相邻节点电压相角差通常较小，即 $\cos(\theta_i - \theta_j) = 1$，则节点 i 和节点 j 的有功功率损失为

$$P_{\text{loss}ij} \approx G_{ij}(U_i - U_j)^2 \tag{4-27}$$

系统总的网损如式(4-28)所示：

$$P_{\text{loss}} = \sum_{i=1}^{N-1} \sum_{j=i+1}^{N} G_{ij} (U_i - U_j)^2 \qquad (4\text{-}28)$$

由式(4-28)可知，在全网有统一的电压时，系统网损最小，因此可以设所有关键节点电压同为 1 以保证系统经济性，即

$$U^{\text{ref}} = 1 \qquad (4\text{-}29)$$

$$F_{\text{u}} = \sum_{i=1}^{N} \frac{1}{2} (1 - U_i)^2 \qquad (4\text{-}30)$$

4.2.3　配电网无功优化的强化学习建模方法

1. 无功优化的数学模型

首先回顾配电网无功优化的数学模型，考虑系统运行经济性和离散设备的调节成本，配电网动态无功优化目标函数可以分为两部分——网损和动作损失，目标函数定义如下：

$$\min \sum_{i=1}^{N} \left[P_{\text{loss}i} + \lambda_c \sum_j c_j 1(d_j^i) \right], \quad j = 1, 2, \cdots, m \qquad (4\text{-}31)$$

式中，N 为一天内的指令周期个数；$P_{\text{loss}i}$ 为第 i 个指令周期内的系统网损；c_j 为第 j 个设备的动作成本；$1(d_j^i)$ 为一个 0-1 函数，第 i 个指令周期内第 j 个设备动作时为 1，否则为 0；m 为离散设备的数目；λ_c 为动作成本系数。约束条件定义如下：

$$U^{\text{min}} \leqslant U \leqslant U^{\text{max}} \qquad (4\text{-}32)$$

$$Q^{\text{min}} \leqslant Q \leqslant Q^{\text{max}} \qquad (4\text{-}33)$$

$$T^{\text{min}} \leqslant T \leqslant T^{\text{max}} \qquad (4\text{-}34)$$

$$g_i(X, T) = 0, \quad i = 1, 2, \cdots, N \qquad (4\text{-}35)$$

$$\sum_{i=1}^{N} 1(d_j^i) \leqslant A^{\text{max}}, \quad j = 1, 2, \cdots, m \qquad (4\text{-}36)$$

式(4-32)～式(4-34)分别为节点电压、无功功率和控制变量的上下限约束；式(4-35)为系统潮流方程约束；式(4-36)为动作次数约束(不区分 SVC 和有载调压变压器(OLTC))。

　　配电网的无功优化是一个典型的多步决策问题，可以用马尔可夫决策过程对其进行建模。如果将进行动作决策的调度中心作为决策主体，实际电力系统作为环境，那么配电网的无功优化模型可以转化为最优决策问题。其中式(4-33)和式(4-34)分别表示无功控制设备的容量上下限约束和挡位上下限约束，可以通过定义决策主体的动作空间进行满足，式(4-35)所示的潮流方程约束在环境(实际电力系统)运行中天然满足。式(4-32)和式(4-36)所示的节点电压上下限约束和动作次数约束则和决策主体的状态与动作决策相关，需要对其进行改写，在式(4-31)所示的优化目标中加入罚函数，优化目标可以改写如下：

$$\min \sum_{i=1}^{N}\left[P_{\text{loss}i} + \lambda_c \sum_j c_j 1(d_j^i)\right] + \eta_1 \sigma\left(U^{\min} \leqslant U \leqslant U^{\max}\right) + \eta_2 \sigma\left[\sum_{i=1}^{N} 1(d_j^i) \leqslant A^{\max}\right]$$

$$(4-37)$$

式中，η_1 和 η_2 为很大的整数，作为惩罚系数；σ 为判断函数，约束条件满足时取值为 0，约束条件不满足时取值为 1。

　　2. 配电网无功优化的马尔可夫决策过程

　　一个马尔可夫决策过程[6]由 $\langle S, R, \text{Pr}, A, \gamma \rangle$ 五个变量定义。

　　S 是状态空间，是决策主体所能够感知到的环境状态(s)集合，在低感知度配电网无功优化问题中，可将调度中心抽象为决策主体，则状态空间为调度中心能够量测得到的电网信息，主要包括经过通信系统接入到调度中心的节点信息和离散动作设备的投切状态信息。定义第 i 个决策阶段的状态 s_i 如下：

$$s_i \equiv \{P_i^0, Q_i^0, U_i^0, T_i, \text{CT}_i\} \qquad (4-38)$$

式中，P_i^0、Q_i^0、U_i^0 分别为第 i 个决策阶段内调度中心可以量测得到的节点有功注入功率矩阵、无功注入功率矩阵和节点电压矩阵，维度均为 $n \times k$，n 为四遥接入调度中心的节点数，k 为决策周期内量测次数；T_i 为第 i 个决策阶段内离散动作设备的投切挡位，采用 one hot(独热)编码方式；CT_i 为第 i 个决策阶段内离散动作设备已经完成的动作次数，同样采用 one hot 编码方式。

　　举例说明，假设一个配电系统包含 20 个可观测节点，离散动作设备的决策周期为 10min，量测设备采样周期为 1min，则 P_i^0、Q_i^0、U_i^0 的维度为 20×10。假设系统中包含两个并联电容器，挡位数分别为 5 和 3，在当前决策周期下分别在 2 挡和 3 挡位置。并设设备最大的投切次数为 5，当前决策周期下，两个并联电容器已经累计投切了 3 次和 2 次，则 T_i 和 CT_i 分别表示如下：

$$T_i = \begin{bmatrix} 0 & 1 & 0 & 0 & 0 & 0 & 0 & 1 \end{bmatrix} \qquad (4-39)$$

$$\mathrm{CT}_i = [0 \quad 0 \quad 0 \quad 1 \quad 0 \quad 0 \quad 0 \quad 1 \quad 0 \quad 0 \quad 0] \tag{4-40}$$

A 是动作空间，是决策主体所能够对环境进行动作（a）的集合，在低感知度配电网无功优化问题中，可以将动作空间定义为下一指令周期下离散动作设备的挡位状态，同样采用 one hot 编码。

$$a_i = T_{i+1} \tag{4-41}$$

R 是回报空间，是环境根据状态和动作返回给决策主体的即时回报（r）的集合，是评价状态与动作的指标，也是多阶段决策的优化目标，根据式(4-37)的优化目标，即时回报定义如下：

$$r_i = \begin{cases} -\left[P_{\text{loss}i} + \lambda_c \sum_j c_j 1(d_j^i) \right], & U^{\min} \leqslant U_i \leqslant U^{\max} \ \text{且} \ \sum_{k=1}^{i} 1(d_j^k) \leqslant A^{\max} \\ -\eta_1, & U_i < U^{\min} \ \text{或} \ U_i > U^{\max} \\ -\eta_2, & \sum_{k=1}^{i} 1(d_j^k) > A^{\max} \end{cases} \tag{4-42}$$

即当节点电压满足约束条件且在当前指令周期下并未超过动作次数约束时，即时回报 r_i 为此周期内的系统网损和设备动作成本之和的相反数；当节点电压越限或者动作次数超过约束时，即时回报 r_i 为惩罚项的相反数，即为非常小的负数。

Pr 是状态转移概率，由环境确定，决策主体未知。在低感知度配电网无功优化问题中，环境为实际运行的配电网，在系统运行过程中，状态转移关系天然满足潮流方程约束。

γ 是回报折扣率，表示未来回报对当前决策的影响。γ 越大，表示模型越关注远期的回报影响，γ 越小，表示模型越关注近期的回报影响，本书中取 γ 为固定值 0.9。

配电网无功优化对应的马尔可夫决策过程示意图如图 4-15 所示，假设在最开始的指令周期内系统处于某种初始状态 s_0 下，调度系统根据策略 $\pi^\theta(a|s)$ 对配电网下达离散动作设备的投切指令 a_0，确定下一周期离散动作设备所处状态 T_1，其中 θ 表示用于拟合控制策略的网络参数。配电网中的相关设备根据指令进行动作，更新 CT，量测设备量测系统状态，并反馈回给调度中心系统下一指令周期的状态 s_1，循环进行这一过程直至最后一个指令周期。

可以证明式(4-37)所示的优化目标与累积奖励相等，即优化目标可以改写为

$$\min \sum_{i=1}^{N} r_i \tag{4-43}$$

因此模型的最优解也相当于求解这一马尔可夫过程的最优决策，即求解 $\pi^*(s)$。

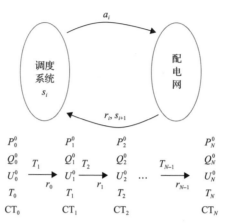

图 4-15　配电网无功优化的马尔可夫决策过程示意图

贝尔曼最优准则是指"在一个多阶段的最优决策过程中，不论初始状态和决策如何，对于已经确定的某一状态，以其为初始状态的子过程也一定对应最优决策"。贝尔曼最优准则是保证马尔可夫决策过程可解的理论基础。对于如图 4-15 所示的配电网无功优化的马尔可夫决策过程，可以用反证法证明其满足贝尔曼最优准则。设 s_k 是在最优决策 π^* 下经过 k 步决策得到的某一状态，假设最优决策 π^* 下以 s_k 为初始状态的子过程对应的累积奖励不是最优的，则存在某一策略 π' 使得累积奖励大于在 π^* 下的累积奖励，即

$$\sum_{i=k}^{N} r_i(s_i, \pi^*(s_i)) < \sum_{i=k}^{N} r_i(s_i, \pi'(s_i)) \tag{4-44}$$

由此可得

$$\sum_{i=1}^{k-1} r_i(s_i, \pi^*(s_i)) + \sum_{i=k}^{N} r_i(s_i, \pi^*(s_i)) < \sum_{i=1}^{k-1} r_i(s_i, \pi^*(s_i)) + \sum_{i=k}^{N} r_i(s_i, \pi'(s_i)) \tag{4-45}$$

与 π^* 是最优决策相悖，因此最优决策下 π^* 以 s_k 为初始状态的子过程对应的一定也为最优子过程，满足最优性条件，可以用强化学习相关方法在决策主体与环境的交互过程中对模型进行求解。

相比传统动态无功优化模型，将其建模为多阶段决策的马尔可夫决策过程具有如下一些优点。

(1)将配电网动态无功优化建模为马尔可夫决策过程无须划分为固定时段。传统配电网的动态无功优化数学模型中为了简化状态空间和动作空间，方便模型求

解，通常需要把一天分为若干个时间段(如每个小时作为一个时间段)，在各个时间段内假设负荷和分布式电源出力不变，并用预测值代替实际值，将动态优化问题转化为单时间断面的静态优化问题。因此求解精度与时段划分相关，时段划分得越细，预测值与实际值越接近，同时问题复杂度也会相应增加。将其建模为马尔可夫过程则直接可以求解系统状态到离散动作设备投切状态的映射 $a = \pi^\theta(s)$，可以在系统运行过程中在每个指令周期内进行决策，更符合系统实际运行情况。

(2)不依赖于负荷与分布式电源出力预测。马尔可夫决策过程的最优决策 $\pi^*(s)$ 仅以系统当前状态的观测量作为输入，不依赖于下一决策周期的负荷预测与分布式电源出力预测。实际上，利用强化学习方法对模型进行训练是在决策主体与环境的互动过程中完成的，在此交互过程中，训练得到的决策模型可以通过价值函数隐式地学习得到对未来状态的预测。

(3)无需精确的潮流模型。采用强化学习方法对马尔可夫决策过程进行求解是在决策主体与环境的互动过程中完成的，在此过程中，仅需环境提供下一指令周期的状态 s_{i+1} 和即时回报 r_i 即可，无需精确的潮流模型，因此可以有效应用于低感知度配电网。

4.2.4　基于深度强化学习的配电网动态无功优化

1. 深度神经网络结构

目前常用的强化学习算法主要包括三种——基于值函数的方法[7](value based method)、基于策略的方法[8](policy based method)和行动者-评论家算法[9](A2C method)。其中行动者-评论家(A2C)算法可以有效结合基于值函数的方法和基于策略的方法，收敛性较好且数据利用率更高。因此本书采用 A2C 算法对图 4-15 所示的配电网无功优化的马尔可夫决策过程进行求解，并设计了如图 4-16 所示的深度神经网络结构拟合策略 $a = \pi^{\theta_1}(s)$ 和状态价值函数 $v^{\theta_2}(s)$，其中 θ_1 和 θ_2 分别表示行动者网络(actor net)和评论家网络(critic net)的参数。

图 4-16 所示的深度神经网络结构主要包括三个部分——用于提取关键特征的卷积神经网络、拟合从状态空间到动作空间的映射的行动者网络($a = \pi^{\theta_1}(s)$)、拟合状态价值函数的评论家网络($v^{\theta_2}(s)$)。

如前文所述，模型的输入为配电网无功优化的马尔可夫决策过程的状态 s，包括可观测节点潮流矩阵 $[P^0 \quad Q^0 \quad U^0]_{3\times n\times k}$、采用 one hot 编码的离散设备投切状态 T 和采用 one hot 编码的离散设备投切次数 CT。

其中节点潮流矩阵中包含了当前配电网运行过程中的所有信息，考虑到物理系统惯性，也包括了短期未来的部分信息。但是潮流矩阵维度很高，信息密度低，直接将其作为行动者网络和评论家网络的输入会导致模型参数过多而难以

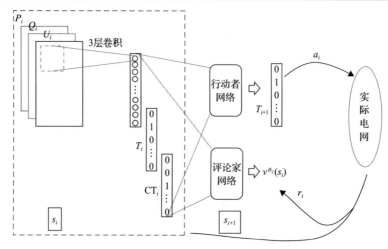

图4-16 深度强化学习求解配电网无功优化示意图

训练，需要首先从中提取关键信息。在节点电压的拟合任务中，深度调压网络已经表明，对于电力系统潮流矩阵数据，相比较简单的全连接网络，卷积神经网络结构可以更有效地提取关键信息，降低模型复杂度。因此图4-16所示的网络结构首先用一个3层卷积神经网络作为 Conv Body（卷积体）提取关键特征，如图中虚线方框所示。

然后将 Conv Body 得到的关键特征（用 f_{conv} 表示）和投切状态矩阵 T 及投切次数矩阵 CT 进行拼接得到行动者网络和评论家网络的输入。行动者网络是一个三层全连接网络结构，输入维度为潮流特征矩阵 f_{conv}、投切状态矩阵 T 和投切次数矩阵 CT 的维度之和，即 $\mathfrak{D}(f_{conv}) + \mathfrak{D}(T) + \mathfrak{D}(CT)$，两个隐含层分别有 200 个神经元和100个神经元，输出维度为投切状态矩阵 T 的维度，即 $\mathfrak{D}(T)$，输出经过 softmax 层，转化为 m 个多项式分布概率，其中 m 为系统中离散动作设备的数目。

评论家网络与行动者网络输入相同，同样为潮流特征矩阵 f_{conv}、投切状态矩阵 T 和投切次数矩阵 CT 拼接得到的状态矩阵。评论家网络也同样为三层全连接网络，两个隐含层分别有 200 个神经元和 100 个神经元。与行动者网络不同的是评论家网络拟合的是状态价值函数 $v^{\theta_2}(s)$，输出维度为1，且不需要经过 softmax 层。

2. 神经网络优化算法

图4-16所示的深度神经网络需要在和环境的互动过程中进行训练。其中的评论家网络没有明确的动作标签，需要在和环境的交互过程中采用策略梯度法（PG）进行优化，如前文所述，常用的策略梯度法的优化目标为

$$J^1(\theta_1) = E_t\left(-\ln\left(\pi^{\theta_1}(a \mid s)\right) A_t(s, a)\right) \tag{4-46}$$

式中，s 和 a 分别为无功优化的马尔可夫决策过程的状态和动作；$\pi^{\theta_1}(a\,|\,s)$ 为用深度神经网络拟合的策略；θ_1 为行动者网络的参数；A_t 为动作优势函数；E_t 为期望。优化目标函数对模型参数的梯度可以用式(4-47)表示：

$$\nabla J^1(\theta_1) = E_t\left(-\nabla \ln\left(\pi^{\theta_1}(a\,|\,s)\right) A_t(s,a)\right) \tag{4-47}$$

可以将其中的动作优势函数改写为如下形式：

$$\begin{aligned} A_t(s,a) &= q(s,a) - v^{\theta_2}(s) \\ &= r(s,a) + \gamma v^{\theta_2}(s') - v^{\theta_2}(s) \end{aligned} \tag{4-48}$$

式中，$v^{\theta_2}(s)$ 为状态 s 的状态价值函数；θ_2 为评论家网络的参数；$q(s,a)$ 为状态 s 下动作 a 的动作价值函数 $r(s,a)$ 在状态 s 下采取动作 a 的即时回报，由式(4-42)定义；s' 为在状态 s 下采取动作 a 的后继状态；γ 为折扣系数。

评论家网络的作用是拟合价值状态函数，其标签可以根据贝尔曼方程用蒙特卡罗法或者时间差分法得到，本书选用时间差分法计算评论家网络的标签，因此评论家网络的优化目标可以用式(4-49)表示：

$$J^2(\theta_2) = \left[r(s,a) + \gamma v^{\theta_2}(s') - v^{\theta_2}(s) \right]^2 \tag{4-49}$$

假设在一个决策主体与环境的交互过程中，收集到了 N 个有效的互动过程 $\{(s_i,a_i,r_i,s_i')\}_N$，那么模型训练的损失函数可以定义为

$$J(\theta) = J(\theta_1) + \lambda J(\theta_2) \tag{4-50}$$

$$J(\theta) = \sum_{i=1}^{N}\left\{ -A_t(s_i,a_i)\ln\left(\pi^{\theta_1}(a_i\,|\,s_i)\right) + \lambda\left[r(s_i,a_i) + \gamma v^{\theta_2}(s_i') - v^{\theta_2}(s_i) \right]^2 \right\} \tag{4-51}$$

式中，λ 为权重系数。目前常用的深度学习框架如 PyTorch、TensorFlow 等支持自动微分功能，因此可以直接计算 $\nabla \ln\left(\pi^{\theta_1}(a\,|\,s)\right)$，从而实现模型的训练。

4.3　分布式电源接入配电网的无功电压协调控制与接纳水平评估

4.3.1　多时间尺度无功电压协调控制

1. 整体架构设计

配电网无功电压优化以分布式电源和负荷预测为前提，并没有考虑其短时波

动和随机性带来的影响。但可再生能源出力以及负荷出力均具有一定的不确定性，若忽略该不确定性，则运行策略往往不能满足系统的安全运行要求。国内外学者针对可再生能源出力的间歇性和短时波动性，开展了计及可再生能源出力不确定性的配电网运行优化研究，当前的主要方法有：基于"多级协调、逐级细化"思想的多时间尺度方法[10]、基于概率论的随机规划[11]以及基于区间的鲁棒优化[12]。

配电网可控资源众多，包含离散、连续的多种设备。在不确定条件下，针对不同设备的响应和动作特点，将响应速度慢、动作次数受限的设备如 OLTC、电容器组、电抗器组等作为长时间尺度调控资源，将响应速度快、动作次数不受限的设备如 SVC、SVG、分布式电源等作为短时间尺度调控资源，考虑到分布式光伏出力波动性以及无功调节设备不同的响应速度，本章将无功电压协调控制整体架构细化到三个时间尺度：日前小时级无功电压优化、日内 10min 级无功电压优化以及分布式光伏 1min 级的实时控制策略，如图 4-17 所示。

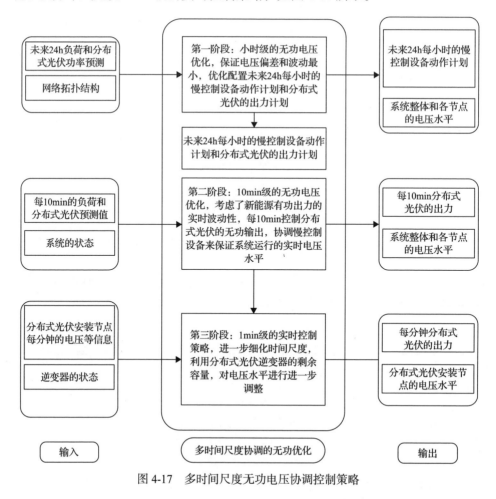

图 4-17　多时间尺度无功电压协调控制策略

首先，在电网通信、测量等基础设施较全面，可控资源丰富的情况下，集中协调电容器组/电抗器组和分布式电源，在小时级和 10min 级两个时间尺度制定配电网无功调节资源的调度计划。基于负荷和分布式光伏在未来 24h 内的预测值，慢动作设备、分布式光伏安装位置以及网络拓扑建立小时级的无功电压优化模型，求解未来 24h 内电容器组/电抗器组等慢动作设备的动作计划。在小时级无功优化的基础上，每 10min 基于负荷及分布式光伏的出力情况，建立 10min 级的无功电压优化模型，求解分布式光伏的无功补偿量。此外，提出分布式光伏逆变器无功电压控制策略，充分利用分布式光伏逆变器的剩余容量输出无功功率从而调节电压水平。

2. 分布式光伏无功优化模型

根据《分布式电源并网技术要求》（GB/T 33593—2017），通过 380V 电压等级并网的分布式光伏，应具备在并网点功率因数在–0.95～0.95 范围内可调节的能力。通过 10kV 及以上电压等级并网的分布式光伏，应具备在并网点功率因数在–0.98～0.98 范围内连续调节的能力。因此，充分挖掘分布式光伏逆变器的无功调压能力，使之参与配电网的无功电压调节，是开展配电网无功优化的关键环节。

光伏既能发出感性无功功率也能发出容性无功功率[13]，且具有连续性，但受到有功出力、容量和最大允许功率因数角的限制，光伏逆变器的运行范围如图 4-18 扇形阴影区域所示。

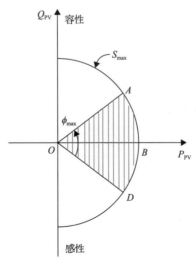

图 4-18　光伏逆变器功率运行范围

图 4-18 中横坐标为光伏逆变器的有功功率，纵坐标为光伏逆变器的无功功率，$\phi_{\max}$ 为光伏逆变器最大功率因数角，$S_{\max}$ 为光伏逆变器的容量。扇形阴影区域范

围中的每一个点都是光伏逆变器的可行运行区域。

根据光伏逆变器初始功率 P_{PV}^0，可以将光伏逆变器参与电压调整的过程梳理为两个场景。

场景一：$\arccos \dfrac{P_{PV}^0}{S_{max}} \leqslant \phi_{max}$，即光伏逆变器达到容量约束的运行点所在的功率因数角不大于最大功率因数角，如图 4-19 所示。

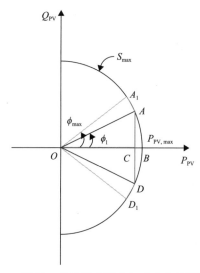

图 4-19　场景一光伏逆变器参与无功电压调节过程

当光伏逆变器运行区间位于 OB 线时，分布式光伏按照最大功率追踪的要求发出有功功率，所发无功功率为零。

设光伏逆变器运行于点 C，增加光伏逆变器的无功功率，使之运行于 CA 段，此时，光伏逆变器的有功功率保持不变，但是功率因数角逐渐增大，功率因数逐渐减小。随着无功功率的增加，光伏逆变器在 A 点达到最大容量，此时光伏逆变器的功率因数角为 ϕ_1。在此阶段，光伏逆变器满足如下关系：

$$P_{PV}^2 + Q_{PV}^2 \leqslant S_{max}^2 \tag{4-52}$$

$$\frac{P_{PV}}{\sqrt{P_{PV}^2 + Q_{PV}^2}} \geqslant \cos \phi_{max} \tag{4-53}$$

在 AA_1 阶段，光伏逆变器输出的无功功率继续增大，由于受到光伏逆变器容量的约束，有功功率逐渐减小，逆变器功率因数逐渐减小，直到最小功率因数。在此阶段，光伏逆变器满足如下关系：

$$P_{\text{PV}}^2 + Q_{\text{PV}}^2 = S_{\max}^2 \tag{4-54}$$

在 A_1O 阶段，光伏逆变器采用恒功率因数运行，有功功率削减，无功功率根据有功功率和最大功率因数角确定。在此阶段，光伏逆变器满足如下关系：

$$\tan\phi_{\max} = \frac{Q_{\text{PV}}}{P_{\text{PV}}} \tag{4-55}$$

上述四条曲线描述了该场景下分布式光伏可能的四种状态，其中 AA_1 阶段和 A_1O 阶段都需要进行光伏有功功率削减进而满足增发无功的需求。

场景二：$\arccos\dfrac{P_{\text{PV}}^0}{S_{\max}} > \phi_{\max}$，即光伏逆变器达到容量约束的运行点所在的功率因数角大于最大功率因数角，如图 4-20 所示。

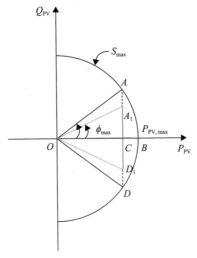

图 4-20　场景二光伏逆变器参与无功电压调节过程

设光伏逆变器运行于点 C，此时增加光伏逆变器的无功功率，即光伏逆变器运行于 CA_1 段，此时，光伏逆变器的有功功率保持不变，但是功率因数角逐渐增大，功率因数逐渐减小。随着无功功率的增加，光伏逆变器在 A_1 点达到最大功率因数，此时光伏逆变器的功率因数角为 $\phi_{\max}$。在此阶段，光伏逆变器满足如下关系：

$$\arccos\frac{P_{\text{PV}}}{S_{\max}} > \phi_{\max} \tag{4-56}$$

在 A_1O 阶段，光伏逆变器同样满足式(4-55)。

上述曲线描述了该场景下分布式光伏可能的状态，其中 A_1O 阶段需要进行光伏有功功率削减进而满足增发无功的需求。

调节过程中由于减少分布式光伏发出的有功功率，会导致其弃光率增加，使得光伏投资方产生利益损失，因此尽量减少分布式光伏有功的调节，当电压越过上限，而逆变器的无功调节无法使电压回到安全范围内时，可以考虑削减光伏发出的有功功率。

综上所述，光伏逆变器的最大无功出力可表示为

$$Q_{\mathrm{PV,max}} = \min(P_{\mathrm{PV}} \tan \phi_{\max}, \sqrt{S_{\max}^2 - P_{\mathrm{PV}}^2}) \tag{4-57}$$

式中，括号中的第一项为根据光伏逆变器最大功率因数限值计算的最大无功出力，第二项为根据光伏逆变器容量约束计算的最大无功出力。

光伏逆变器的无功功率调节量可按式(4-58)计算：

$$\Delta Q_{\mathrm{PV,max}} = \begin{cases} Q_{\mathrm{PV,max}} - Q_{\mathrm{PV}}, & U < U_{\min} \\ Q_{\mathrm{PV}} - Q_{\mathrm{PV,max}}, & U > U_{\max} \end{cases} \tag{4-58}$$

式中，$\Delta Q_{\mathrm{PV,max}}$ 为光伏逆变器的无功功率调节量；Q_{PV} 为光伏逆变器当前无功出力值；U 为电压；$U_{\min}$ 和 $U_{\max}$ 分别为电压的下限和上限。当电压越下限时，需要增加光伏的容性无功功率，提高电压水平；反之，则需要吸收容性无功功率，降低电压水平。

在优化模型中可将其转化为光伏逆变器无功出力约束：

$$\begin{cases} -Q_{\mathrm{PV}i\,\max} \leqslant Q_{\mathrm{PV}i} \leqslant Q_{\mathrm{PV}i\,\max} \\ 0 \leqslant P_{\mathrm{PV}i} \leqslant P_{\mathrm{PV}i,\mathrm{MPP}} \end{cases} \tag{4-59}$$

式中，$P_{\mathrm{PV}i}$ 为第 i 个光伏逆变器的有功功率；$Q_{\mathrm{PV}i}$ 为第 i 个光伏逆变器的无功功率；$Q_{\mathrm{PV}i\,\max}$ 为第 i 个光伏逆变器无功出力上限；$P_{\mathrm{PV}i,\mathrm{MPP}}$ 为第 i 个光伏逆变器的有功出力能力。

3. 多时间尺度无功电压协调控制模型

1) 优化模型

第一阶段：小时级无功电压优化模型。

本节建立的小时级无功电压优化模型综合考虑了节点电压偏差和电压波动，决策变量为电容器、电抗器等慢动作设备的每小时无功补偿量。

目标函数可以表示为

$$\min \quad \omega_1 \sum_{t=1}^{24} \sum_{i=1}^{n} |U_{t,i} - U_{re}| + \omega_2 \sum_{t=1}^{24} \sum_{i=1}^{n} |U_{t,i} - U_{t-1,i}| \tag{4-60}$$

式中，n 为配电网的节点数目；$U_{t,i}$ 为第 i 个节点在 t 时刻的电压幅值；U_{re} 为节点的参考电压幅值；$U_{t-1,i}$ 为 $t-1$ 时刻的节点电压幅值；ω_1、ω_2 为加权系数。

目标函数为各节点相对于系统额定电压的偏差绝对值之和以及相邻时间段各节点电压的波动最小。

约束条件主要包括等式约束和不等式约束，等式约束主要是潮流方程的约束。

考虑各节点有功和无功功率平衡，即任一节点 i 的注入有功功率和无功功率满足式(4-61)：

$$\begin{cases} P_{DGi} - P_{Li} = U_i \sum_{j=1}^{n} U_j (G_{ij} \cos \delta_{ij} + B_{ij} \sin \delta_{ij}) \\ Q_{DGi} - Q_{Li} = U_i \sum_{j=1}^{n} U_j (G_{ij} \sin \delta_{ij} - B_{ij} \cos \delta_{ij}) \end{cases} \tag{4-61}$$

式中，P_{DGi} 和 Q_{DGi} 分别为节点 i 连接的分布式电源的有功出力和无功出力；P_{Li} 和 Q_{Li} 分别为节点 i 的负荷有功功率和无功功率；U_i 和 U_j 分别为节点 i 和节点 j 的电压幅值；G_{ij} 和 B_{ij} 分别为节点 i 和节点 j 之间的电导和电纳；δ_{ij} 为节点 i 和节点 j 之间的电压相角。

不等式约束主要包括控制变量和状态变量的上下限值约束。

(1)节点电压约束：

$$U_i^{\min} < U_i < U_i^{\max} \tag{4-62}$$

式中，$U_i^{\min}$ 和 $U_i^{\max}$ 分别为负荷节点 i 的电压下限值和上限值。

(2)电容器允许动作的次数约束：

$$0 < \gamma_C < \gamma_{C,\max} \tag{4-63}$$

式中，γ_C 为电容器动作次数；$\gamma_{C,\max}$ 为电容器允许动作次数的上限值。

(3)电容器出力约束：

$$Q_{C,\min} < Q_{C,i} < Q_{C,\max} \tag{4-64}$$

式中，$Q_{C,i}$、$Q_{C,\min}$、$Q_{C,\max}$ 分别为节点 i 的电容器容量及其下限值和上限值。

(4)电抗器允许动作的次数约束：

$$0 < \gamma_L < \gamma_{L,\max} \tag{4-65}$$

式中，γ_L 为电抗器动作次数；$\gamma_{L,\max}$ 为电抗器允许动作次数的上限值。

(5) 电抗器出力约束：

$$Q_{L,\min} < Q_{L,i} < Q_{L,\max} \tag{4-66}$$

式中，$Q_{L,i}$、$Q_{L,\min}$、$Q_{L,\max}$ 分别为节点 i 的电抗器容量及其下限值和上限值。

第二阶段：10min 级无功电压优化模型。

第一阶段小时级优化确定了慢控制设备未来 24h 每小时的最优设定值，是第二阶段的输入。10min 级无功电压优化模型的目标函数与小时级无功电压优化模型相同，即配电网各节点电压偏差和电压波动最小。

约束条件主要包括潮流等式约束和不等式约束。不等式约束除节点电压约束外，增加了分布式光伏无功出力的约束：

$$-Q_{\mathrm{PV}i\max} \leqslant Q_{\mathrm{PV}i} \leqslant Q_{\mathrm{PV}i\max} \tag{4-67}$$

式中，$Q_{\mathrm{PV}i}$ 为节点 i 分布式光伏的无功出力；$Q_{\mathrm{PV}i\max}$ 为节点 i 分布式光伏的无功出力最大值，$Q_{\mathrm{PV}i\max}$ 的计算如式 (4-58) 所述。

第三阶段：分布式光伏实时控制。

基于分布式光伏逆变器的电压控制策略具体步骤如下。

步骤 1：根据电网实际需求，设置分布式光伏 i 并网点的电压限值 $U_{i,\mathrm{lim}}$ 和最大功率因数角 $\phi_{\max,i}$。

步骤 2：对分布式光伏逆变器有功功率 $P_{\mathrm{PV},i}$、功率因数角 ϕ_i 和机端电压 U_i 进行实时监测，并计算光伏逆变器的容量约束角 $\phi_{1,i} = \arccos\dfrac{P_{\mathrm{PV},i}}{S_{\max,i}}$。

步骤 3：有功功率或无功功率调整量计算，此时可以分为三个场景。

(1) 若节点电压 U_i 越限，且分布式光伏功率因数角小于 $\phi_{1,i}$，进入无功补偿阶段 (即 CA 阶段)。根据式 (4-68) 计算光伏逆变器所需发出的无功功率 $Q_{\mathrm{PV},i}$：

$$Q_{\mathrm{PV},i} = \frac{A}{X_{\sum i}} \tag{4-68}$$

式中，$A = U_0(U_i - U_{i,\mathrm{lim}}) + U_{i,\mathrm{lim}}^2 - U_i^2$，$U_0$ 为馈线根节点电压；$X_{\sum i}$ 为馈线根节点到分布式光伏 i 并网点的线路电抗。

(2) 若节点电压 U_i 越限，且分布式光伏达到最大容量 $S_{\max,i}$ 但并未达到最大功率因数角，则进入逆变器容量约束阶段 (即 AA_1)，此时需要削减光伏逆变器的有功功率，经过计算，当光伏逆变器有功功率调整为式 (4-69) 时，可以将分布式光伏并网点电压控制到限值范围内。

$$P_{\mathrm{PV},i} = \frac{(A+B)R_{\sum i} + CX_{\sum i}}{R_{\sum i}^2 + X_{\sum i}^2} \tag{4-69}$$

式中，$B = S_{\max,i}(R_{\sum i}\cos\phi_{1,i} + X_{\sum i}\sin\phi_{1,i})$；$C = \sqrt{(S_{\max,i}R_{\sum i})^2 + (S_{\max,i}X_{\sum i})^2 - (A+B)^2}$；$R_{\sum i}$ 为馈线根节点到分布式光伏 i 并网点的线路电阻。根据容量约束，可以计算得到光伏逆变器无功功率调整值为

$$Q_{\mathrm{PV},i} = \sqrt{S_{\max,i}^2 - (P_{\mathrm{PV},i})^2} \tag{4-70}$$

(3) 当分布式光伏达到最大功率因数角时，进入光伏逆变器定功率因数运行阶段 (即阶段 A_1O)，此时仍然需要进行有功功率削减以进行电压控制，经过计算，当光伏逆变器有功功率调整为式 (4-71) 时，可以将分布式光伏并网点电压控制到限值范围内。

$$P_{\mathrm{PV},i} = S_{\max,i}\cos\phi_{\max,i} + \frac{A}{R_{\sum i} + X_{\sum i}\tan\phi_{\max,i}} \tag{4-71}$$

根据功率因数约束，可以计算得到光伏逆变器无功功率调整值为

$$Q_{\mathrm{PV},i} = P_{\mathrm{PV},i}\tan\phi_{\max,i} \tag{4-72}$$

步骤 4：将光伏逆变器有功功率和无功功率调整值作为参考值，对光伏逆变器进行解耦控制。

2) 约束条件的处理

无功优化模型的变量分为控制变量和状态变量，其中控制变量包括电容器/电抗器的无功补偿容量以及分布式光伏的无功输出，状态变量主要为节点电压。控制变量可表示为

$$X = [T \mid Q_C \mid Q_{\mathrm{DG}}] = [T_1, T_2, \cdots, T_N \mid Q_{C,1}, Q_{C,2}, \cdots, Q_{C,N} \mid Q_{\mathrm{DG},1}, Q_{\mathrm{DG},2}, \cdots, Q_{\mathrm{DG},N}] \tag{4-73}$$

节点电压是状态变量，其约束条件可写成罚函数的形式，可由式 (4-74) 表示：

$$\min(f') = \min(f) + \lambda_U \sum_{i=1}^{n}(U_i - U_{i,\mathrm{lim}})^2 \tag{4-74}$$

式中，等式右边第一项为目标函数，第二项为对电压越限的罚函数；λ_U 为罚因子；$U_{i,\mathrm{lim}}$ 可以表示为

$$U_{i,\mathrm{lim}} = \begin{cases} U_{i,\max}, & U_i > U_{i,\max} \\ U_{i,\min}, & U_i < U_{i,\min} \end{cases} \tag{4-75}$$

罚因子的选取很关键，它将直接影响到算法的收敛性。

3) 离散控制变量的处理

在实际电力系统中，分布式光伏的无功调节量是连续变量，而电容器组/电抗器组的无功调节量是离散变量，所以需要对离散变量进行处理。在编程时可以通过映射编码和取整的方法对离散变量进行处理。以电容器组为例，对于一个调节容量在 $[T_{k,\min}, T_{k,\max}]$ 之间、调节步长为 T_{step}、共有 l 挡调节的电容器组，假设对应第 i 个个体的第 j 个控制变量 X_{ij}，令 X_{ij} 的取值范围等于电容器组的挡数，即 $1 < i < l$，个体在该范围内初始化，个体更新后，按式(4-76)将其转化为相应的变比值代入目标函数进行计算([]表示取整)：

$$T_{ij} = T_{k,\min} + \left[X_{ij} - 1\right] \times T_{\text{step}} \tag{4-76}$$

式中，T_{ij} 为第 i 个个体第 j 个可调电容器的电容。

4) 权重系数的设定

提出的优化模型为综合考虑电压偏差和电压波动的多目标优化问题，可根据判断矩阵法求解各个目标的权重系数。

判断矩阵法是一种定量和定性相结合的方法，既能在一定程度上反映客观情况，又考虑了不同使用者对各目标的重视程度。判断矩阵法的核心是根据各目标之间的等级关系确定判断矩阵，美国运筹学家 Saaty 教授提出了 1～9 比率标度法，作为不同目标之间相互比较的判断标准。形成判断矩阵的准则，如表 4-3 所示。

表 4-3　判断矩阵准则

标度值	含义
1	f_i 相对于 f_j 同等重要
3	f_i 相对于 f_j 稍微重要
5	f_i 相对于 f_j 明显重要
7	f_i 相对于 f_j 强烈重要
9	f_i 相对于 f_j 极端重要
2、4、6、8	表示上述相邻判断的中间值
$\dfrac{1}{\beta_{ij}}$	f_j 相对于 f_i 的重要程度

表 4-3 中，β_{ij} 为标度值，f_i、f_j 为不同等级的目标函数。

因此，利用标度值 β_{ij} 可以构成判断矩阵 H：

$$H = \begin{bmatrix} \beta_{11} & \cdots & \beta_{1n} \\ \vdots & & \vdots \\ \beta_{n1} & \cdots & \beta_{nn} \end{bmatrix} \tag{4-77}$$

式中，n 为目标个数，$\beta_{ii}=1$；$\beta_{ji}=\beta_{ij}^{-1}$；$i,j=1,2,\cdots,n$。

根据判断矩阵 H，目标 f_i 在所要求解的问题中的重要程度 α_i 可由 β_{ij} 求得，计算公式为

$$\alpha_i = \left(\prod_{j=1}^{n} \beta_{ij} \right)^{\frac{1}{n}} \tag{4-78}$$

然后，可求出各个目标的权重系数：

$$\omega_i = \alpha_i \left(\sum_{j=1}^{n} \alpha_j \right)^{-1} \tag{4-79}$$

同层次的目标重要性相同，不同层次的目标的相对重要性根据自身所处背景进行选取。确定权重系数后，就可以将多目标进行加权求和转化为单目标优化问题。

5) 模型求解方法

采用粒子群算法进行模型求解。粒子群算法的基本原理为假设在一个 d 维的目标搜索空间中，有 m 个粒子组成一个种群 S，其组成的种群表示为 $S=\{X_1, X_2, X_3, \cdots, X_m\}$，$X_i=(x_{i1}, x_{i2}, x_{i3}, \cdots, x_{id})$，其中 $i=1,2,3,\cdots,m$，表示第 i 个粒子在 d 维解空间的一个矢量点。将 X_i 代入一个与求解问题相关的目标函数可以计算出相应的适应值。用 $P_i=(p_{i1}, p_{i2}, p_{i3}, \cdots, p_{id})$ $(i=1,2,3,\cdots,m)$ 记录第 i 个粒子自身搜索到的最好点（所谓最好，是指计算得到的适应值为最小，即 P_{best}）。而在这个种群中，至少有一个粒子是最好的，将其编号记为 g，则 $P_g=(p_{g1}, p_{g2}, p_{g3}, \cdots, p_{gd})$ 就是种群搜索到的最好值（即 G_{best}），其中 $g \in \{1,2,3,\cdots,m\}$。而每个粒子还有一个速度变量，可以用 $V_i=(v_{i1}, v_{i2}, v_{i3}, \cdots, v_{id})$ 表示，$i=1,2,3,\cdots,m$。

粒子群优化 (particle swarm optimization，PSO) 算法采用式 (4-80) 和式 (4-81) 对粒子的位置和速度进行更新：

$$V_i^{k+1} = V_i^k + c_1 \cdot r_1 \cdot (P_i^k - X_i^k) + c_2 \cdot r_2 \cdot (P_g^k - X_i^k) \tag{4-80}$$

$$X_i^{k+1} = X_i^k + V_i^{k+1} \tag{4-81}$$

式中，$i = 1,2,3,\cdots,m$ 为粒子的标号；k 为迭代代数；c_1、c_2 为学习因子，一般取值为[1.5, 2.05]；r_1、r_2 为均匀分布于[0, 1]之间的两个随机数。迭代中止条件根据具体问题一般选为最大迭代次数或(和)粒子群迄今为止搜索到最优位置的适应值满足预定最小适应值的要求。为了控制 V_i^k 和 X_i^k 的值在合理的区域内，需要指定 $V_{\max}$ 和 $X_{\max}$ 来限制。

式(4-80)主要通过三部分来计算粒子 i 的更新速度：粒子 i 当前的速度、粒子 i 当前位置与自己最好位置之间的距离、粒子 i 当前位置与群体最好位置之间的距离。粒子 i 通过式(4-81)计算新位置的坐标。

式(4-80)的第一部分称为记忆项，表示当前速度大小和方向的影响；第二部分称为自身认知项，是从当前点指向此粒子自身最好点的一个矢量，表示粒子的动作来源于自己经验的部分；第三部分称为群体认知项，是从当前点指向种群最好点的一个矢量，反映了粒子间的协同合作和知识的共享。粒子就是通过自己的经验和同伴中最好的经验来决定下一步的运动。

为实现算法局部搜索能力和全局搜索能力的平衡，在式(4-80)中引入惯性权重因子 w，得到新的速度更新公式：

$$V_i^{k+1} = wV_i^k + c_1 \cdot r_1 \cdot (P_i^k - X_i^k) + c_2 \cdot r_2 \cdot (P_g^k - X_i^k) \tag{4-82}$$

从式(4-82)中可知，惯性权重因子 w 决定粒子先前速度对当前速度的影响程度，从而起到了平衡算法全局搜索和局部搜索的能力。

4.3.2 配电网接纳分布式电源水平评估

分布式电源接纳能力，是指在供电设备和线路不过载、系统各项性能参数不超标的条件下，配电网接纳分布式电源的最大容量。分布式电源接纳能力经常受电压越限、线路载流、电能质量及短路电流及保护配置等几方面因素影响。本节首先逐一分析各个因素在分布式电源接纳能力评估中的作用，随后提出一种分布式光伏接纳能力评估方法，最后提出提高分布式电源接纳能力的措施。

1. 分布式电源接纳能力评估关键影响因素分析

限制分布式电源接纳能力的主要因素包括设备过载能力、节点电压水平、电能质量指标、短路电流水平及保护配置等，下面以分布式光伏为例来说明。

1) 设备过载能力

分布式光伏以适当容量接入适当位置可以降低设备和线路的负载率及网损，有利于配电网的安全经济运行。然而，分布式光伏的选址定容方案通常由业主或投资者决策，接入方案设计往往缺乏全局性考虑。目前，我国部分地区配电网分布式光伏渗透率较高，在负荷水平低且太阳辐照度高的情况下，分布式光伏出力高于用电负荷，上级变压器和线路会出现反向潮流，少数 220kV 变压器在节假日，由于分布式光伏反送电，加之下级 110kV 接入的集中式新能源大发，其反向载流量已接近变压器的热稳极限。此外，传统配电网的设计并未考虑分布式光伏大规模接入的情景，其作为大型基础设施，从规划到投产的周期比分布式光伏项目长得多，短期内无法通过新建或扩容来解决问题。因此，配电网设备和线路的热稳定裕度是影响分布式光伏接纳能力的关键因素。

2) 节点电压水平

当分布式光伏出力高于接入点的用电负荷，向电网反向注入有功功率时，除了会导致配电网设备和线路反向负载超热稳极限外，还会导致配电网节点电压抬升。分布式光伏若不以单位功率因数运行，会向电网注入无功功率，也会导致电压偏差发生变化。分布式光伏接入导致的节点电压偏差与其并网容量和接入点位置相关。一般来说，分布式光伏容量越大，有功出力越大，导致的电压偏差量越大。当配电网调压能力不足时，节点电压偏差过高直接影响供电安全性和可靠性，严重时可能导致电源脱网。因此，配电网各节点允许的电压偏差范围限制了分布式光伏的接入容量和接入位置。

3) 电能质量指标

分布式光伏逆变器的开关器件动作频繁，容易产生与开关频率相近的谐波分量，从而加剧配电网的谐波污染程度。分布式光伏接入规模越大，配电网中的谐波源数量越多，多个谐波源叠加以及与配电网交互作用使谐波问题变得更复杂、分析更加困难。通常，分布式光伏接入容量越大，接入位置越接近配电网末端，对谐波的影响越大。此外，分布式光伏的投切或出力波动会导致电压的波动或闪变；分布式光伏若单相接入低压配电网，会导致系统三相不平衡。因此，配电网电能质量面临的问题和挑战也是分布式光伏接纳能力的限制因素。

4) 短路电流水平及保护配置

传统配电网通常采用不带方向的三段式电流保护作为线路的主保护。分布式光伏接入配电网后，会导致故障电流的大小和方向发生改变，进而导致传统配电网的电流保护发生误动或拒动，影响保护的选择性、灵敏性和范围。尽管在配电网发生短路故障时，分布式光伏贡献的短路电流不大，但是局部高密度接入的分布式光伏对短路电流的影响不能忽略不计，应在短路电流计算和保护参数整定时予以考虑。此外，可以采用自适应保护或纵联差动保护等技术解决以上问题，但改造成本高、经济性差，现阶段配电网的主流保护方式不会发生大的变化，只能通过动态整定来避免问题。因此，分布式光伏应以保护不失效为限进行规划和建设。

2. 基于随机场景模拟法的分布式电源最大接纳能力分析

由于配电网中负荷数量众多且时序波动，分布式光伏不同接入位置和容量均会对其最大接纳能力产生影响。为了最大限度地涵盖不同分布式光伏接入位置、容量的影响，本节采用随机场景模拟法对分布式光伏的接纳能力进行分析。随机场景模拟法的主要思路是先产生大量的分布式光伏和负荷场景，并在每一种场景下进行确定性潮流计算，然后对所有场景绘制消纳能力图，得到配电网中分布式光伏的最大消纳能力。

1) 典型时刻选取

由于负荷和分布式电源出力的随机波动性，因此，如何设置随机场景模拟中的负荷功率及对应的分布式电源出力是一个值得考虑的问题。现有文献多选择一年中分布式电源总出力和负荷总有功功率比值最大的时刻为典型时刻。考虑到实际配电系统中往往缺乏单个负荷和分布式电源的量测，而仅在馈线根节点处有量测装置，因此，本书选择线路/变压器反送潮流最大值的时刻为典型时刻，即 $P_{\text{ld-js}}$ 的最大值所在的时刻作为典型时刻。

2) 计算流程

设配电网中节点个数为 N_{bus}，负荷数为 N_{ld}，分布式光伏数为 N_{PV}。具体步骤如图 4-21 所示。

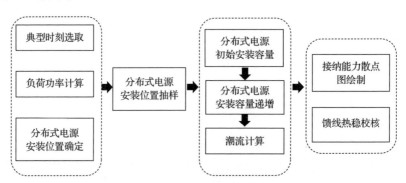

图 4-21　分布式电源接纳能力流程图

步骤 1：由于实际中压配电网往往缺乏全年负荷时序曲线，因此在实际计算时，选取一年中的典型时刻作为研究场景，评估在该单时间断面上分布式光伏的消纳能力。本节选择潮流反送最大值时刻作为典型时刻进行分析，基于该时刻负荷和太阳辐照度计算出的分布式光伏消纳能力是一种比较"悲观"的结果，因此也就代表了在最恶劣场景下分布式光伏的最大消纳能力。

步骤 2：根据分布式光伏和负荷的功率还原方法，计算典型时刻各个负荷节点的有功功率和无功功率。

步骤 3：不考虑馈线根节点，在配电系统 $N_{bus}-1$ 个节点中随机抽样产生 m 个节点作为分布式光伏的安装节点，设分布式光伏安装节点的集合为 $N_{PV-sample}=\left\{N_{PV_1},N_{PV_2},N_{PV_3},\cdots,N_{PV_m}\right\}$，其中集合中的元素代表分布式光伏的安装位置。

步骤 4：设置每一个安装位置上分布式光伏的初始安装容量。初始安装容量这样确定：如果该节点上有负荷，则初始安装容量设定为负荷峰值；若该节点无负荷，则初始安装容量设定为全网负荷的均值。设第 i 个分布式光伏的初始安装容量为 S_{i0}。

步骤 5：设置分布式光伏安装位置的抽样次数为 R。

步骤 6：设分布式光伏的容量增长系数为 χ，安装容量增长次数为 W，按照分布式光伏相对于负荷的渗透率递增其容量，则第 w 次增长后分布式光伏 i 的有功功率可以表示为 $P_i^w=S_{i0}+P_{ld}^{inc}w\chi$。其中，$P_{ld}^{inc}$ 为单个分布式光伏相对于馈线总负荷的容量，可以用馈线总有功功率除以分布式电源数量进行计算。

步骤 7：根据典型时刻分布式光伏的出力与容量的比值，结合分布式光伏安装容量等比例计算分布式光伏并网点出力曲线，开展潮流计算，并记录节点电压最大值和对应的分布式光伏安装容量。

步骤 8：重复步骤 5～步骤 7，直到遍历 R 次分布式光伏的安装位置。

步骤 9：抽样场景数为 R 乘以 W，即 R 次分布式光伏安装位置抽样和 W 次分布式光伏安装容量抽样的乘积，设每次抽样即生成一次分布式光伏并网场景，最终获得系统节点电压最大值集合，以及其对应的分布式光伏安装容量集合。

步骤 10：以分布式光伏安装容量为横坐标，以系统节点电压最大值为纵坐标，绘制分布式光伏消纳能力散点图，将散点图和系统允许最大电压的交点分别设为 M_1 和 M_2，则 M_1 和 M_2 可用来评估分布式光伏的接纳能力。当系统分布式光伏安装容量小于 M_1 时，无论分布式光伏是单点接入还是多点接入，且无论分布式光伏安装位置如何，配电系统各个电压均能够维持在电压偏差允许的范围内。当系统分布式光伏安装容量大于 M_2 时，无论何种安装方案均会造成节点电压越限。当分布式光伏装机容量在 M_1 和 M_2 之间时，需要慎重选择分布式光伏的接入位置和容量，如果接入位置和容量不合理，则会造成节点电压越限。

步骤 11：线路载流量校核。根据线路型号确定导体载流量，校核分布式电源接纳能力是否在线路热稳定约束范围内。

分布式光伏接纳能力散点图如图 4-22 所示。

图 4-22 中每一个点代表一个随机模拟场景中的最大节点电压值。在每一个分布式光伏安装位置下等比例增加分布式光伏容量，可以得到一条曲线，该曲线首端平行于横坐标，代表节点最大电压为馈线根节点电压，随着分布式光伏安装容

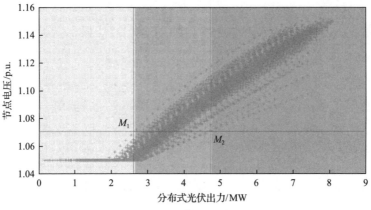

图 4-22　分布式光伏接纳能力散点图

量增大，若大于负荷功率，则馈线最大节点电压大于馈线根节点电压，此时曲线出现"拐点"。各条曲线拐点后的斜率代表了单位分布式光伏安装容量对电压抬升的效果，斜率越大，则单位分布式光伏安装容量对电压抬升的效果越明显。

点集与电压约束上限 1.07p.u.相交于 M_1 和 M_2 点，将 M_1 点对应的横坐标定义为配电网固有分布式光伏接纳能力，将 M_2 点对应的横坐标定义为配电网最大分布式光伏接纳能力。以 M_1 和 M_2 点为边界将整个图形分为三个区域。

3) 区间过电压风险评估

理论上来说，分布式光伏配置方式存在多种可能性，但在分布式光伏接纳能力评估时往往很难提前确定具体配置方式，也就是说，分布式光伏配置方式存在着一定的不确定性。为此，引入区间过电压风险的概念来量化由配电网分布式光伏配置方式的不确定性导致的过电压风险。

将节点最高电压和分布式电源容量散点图的横坐标划分为若干个等间距的区间，即光伏安装容量的区间，当随机场景抽样次数足够大时，在每一个分布式光伏安装容量区间的过电压风险可以用式(4-83)进行计算：

$$\lambda_m = \frac{N_{m,\text{high}}}{N_{m,\text{total}}} \tag{4-83}$$

式中，$N_{m,\text{high}}$ 为区间 m 内过电压的次数；$N_{m,\text{total}}$ 为区间 m 的仿真次数。

根据分布式光伏规划及配电网实际运行工况，确定过电压风险的阈值 $\lambda_{\max}$。依次计算每一个分布式光伏安装容量区间的过电压风险，并和阈值进行比较。若超过了阈值，则认为配电网分布式光伏接纳能力为该分布式光伏安装容量区间的下限 $C_{\min}$。

当分布式光伏安装容量小于 $C_{\min}$ 时，对应的过电压风险都小于 $\lambda_{\max}$，在此范围内不管实际的分布式光伏容量和配置方式如何，都被认为是可接受的。一旦分布式光伏安装容量超过 C_{min}，则过电压风险都会大于 λ_{max}，这意味着存在不可接受的高过电压风险。因此，C_{min} 是在过电压风险阈值约束下整个系统能接纳的最大分布式光伏安装容量，它可充分反映实际规划中分布式光伏配置方式的不确定性，配电网规划人员也可通过灵活调整参数 λ_{max} 的大小来控制计算结果的保守性。

3. 提高分布式电源接纳能力的措施

制约分布式电源接纳能力的因素有节点电压偏差、线路/变压器潮流过载、谐波超标及电压不平衡。其中，对于实际配电系统而言，节点电压偏差和支路潮流是最基本也是最重要的两个约束条件。

为了提高配电网对分布式电源的接纳能力，首先需要考虑的是降低分布式电源接入后的电压偏差。可以采用的措施分为两类：网侧可以采取有载调压变压器降低分布式电源高出力区间的馈线根节点电压，或通过减小线路阻抗降低线路电压降落；在分布式电源侧，可以通过加装无功补偿设备改善并网点的电压水平，或考虑利用分布式电源的控制特性改善配电系统的过电压现象。

本节从通过分布式光伏电压控制策略，充分利用分布式光伏的剩余容量进行电压控制角度，分析分布式光伏逆变器电压控制后对接纳能力的提升效果。

在参与电压控制的过程中，分布式光伏运行状态分为无功功率补偿状态、容量约束状态和功率因数约束状态。

本节采用的算例系统为承德市丰宁满族自治县大滩站 10kV 馈线扎拉营 511，在仿真分析中设馈线根节点电压为 1.05p.u.，负荷功率因数为 0.894，典型时刻分布式光伏出力同时率为 95.09%。

考虑到实际配电网的主要安全制约因素是节点电压超越上限值，因此在进行电压控制时使分布式光伏逆变器发出感性无功功率。

固定分布式光伏的安装位置，按照随机场景模拟法逐渐增大每一个分布式光伏的安装容量，在此过程中，若节点最大电压超过了电压上限，则对每一个分布式光伏计算其所能发出的最大感性无功功率，并重新计算潮流，得到分布式光伏接纳能力散点图，如图 4-23 所示。

从图 4-23 可知，考虑分布式光伏逆变器参与电压控制后，对于每次抽样的分布式光伏安装位置，最大节点电压与分布式光伏出力不再呈线性关系。随着分布式光伏安装容量的增加，一方面，有功功率注入抬升了节点电压；另一方面，分布式光伏逆变器可调节的感性无功功率也随之增加，两者耦合作用下分布式光伏接纳能力有了较大提升。

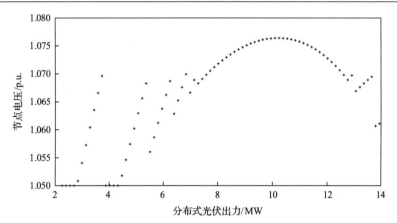

图 4-23　考虑分布式光伏电压控制后的接纳能力散点图（光伏位置抽样 1 次）

对分布式光伏安装位置进行多次抽样，得到接纳能力散点图，如图 4-24 所示。

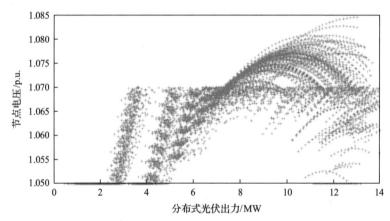

图 4-24　考虑分布式光伏电压控制后的接纳能力散点图（光伏位置抽样多次）

从图 4-24 可知，考虑分布式光伏逆变器参与电压控制后，分布式光伏的固有接纳能力从 2.54MW 提升到了 7.15MW，当分布式光伏出力为 2.54MW 时，开始出现节点电压越限，通过控制光伏逆变器发出感性无功功率使得节点电压降到电压允许范围内。当分布式光伏安装容量超过固有接纳能力 7.15MW 时，通过光伏逆变器无功功率补偿无法使所有节点电压降低到电压允许范围内，在某些抽样场景下配电网节点最大电压超过电压上限，由于分布式光伏安装容量增加意味着可调节的无功功率增大，因此经过容量递增后系统节点最大电压又恢复到电压约束范围内。

综上所述，考虑分布式光伏逆变器参与电压控制后，可以提高分布式光伏的固有接纳能力，分布式光伏的最大接纳能力受到有功功率对电压"抬升"及感性无功功率对电压"降低"的耦合作用，可以实现在潮流收敛范围内接纳的目标。

参 考 文 献

[1] 纪德洋, 金锋, 冬雷, 等. 基于皮尔逊相关系数的光伏电站数据修复[J]. 中国电机工程学报, 2022, 42(4): 1514-1523.

[2] Tran D, Bourdev L, Fergus R, et al. Learning spatiotemporal features with 3D convolutional networks[C]//2015 IEEE International Conference on Computer Vision (ICCV), Santiago, 2015.

[3] Song X, Chen K, Li X, et al. Pedestrian trajectory prediction based on deep convolutional LSTM network[J]. IEEE Transactions on Intelligent Transportation Systems, 2020, 22(6): 3285-3302.

[4] 魏昊焜, 刘健. 可消除无功振荡的分布式电源本地电压控制策略[J]. 高电压技术, 2018, 44(7): 2354-2361.

[5] 胡丹尔, 彭勇刚, 韦巍, 等. 多时间尺度的配电网深度强化学习无功优化策略[J]. 中国电机工程学报, 2022, 42(14): 5034-5045.

[6] 吴云芸, 方家琨, 艾小猛, 等. 计及多种储能协调运行的数据中心实时能量管理[J]. 电力自动化设备, 2021, 41(10): 82-89.

[7] 黄晓辉, 张雄, 杨凯铭, 等. 基于联合 Q 值分解的强化学习网约车订单派送[J]. 计算机工程, 2022, 48(12): 296-303, 311.

[8] 司彦娜, 普杰信, 孙力帆. 近似强化学习算法研究综述[J]. 计算机工程与应用, 2022, 58(8): 33-44.

[9] 邓清唐, 胡丹尔, 蔡田田, 等. 基于多智能体深度强化学习的配电网无功优化策略[J]. 电工电能新技术, 2022, 41(2): 10-20.

[10] 叶学顺, 何开元, 刘科研. 有源配电网重构与多级无功联动优化[J]. 电力系统保护与控制, 2019, 47(13): 115-123.

[11] 任微道, 张仰飞, 陈光宇, 等. 考虑主动配电网不确定性的随机无功优化及求解[J]. 电工技术, 2019(21): 21-23, 26.

[12] 张旭, 么莉, 陈晨, 等. 交直流混合配电网络重构与无功优化协同的两阶段鲁棒优化模型[J]. 电网技术, 2022, 46(3): 1149-1162.

[13] 刘浩芳, 朱艺颖, 刘琳, 等. 新能源机组的电网强度适应性及暂态响应特性测试方案[J]. 电力系统自动化, 2022.

第5章 未来电力预测的特征及影响因素

5.1 未来电力的内涵与特征

随着智能电网的发展，电力系统负荷侧节点既连接了用电设备，又连接了主动负荷、分布式电源以及储能等设备，使用电节点既具有"负荷"特性，又具有"电源"特性。此外，随着需求侧响应技术的应用，未来电力负荷中的主动负荷可以响应电价、可再生能源的变化，形成"源-网-荷-储"耦合互动的局势[1]。本书将此类受多重因素耦合影响的未来电力负荷称为"广义负荷"。

从用电成分来看，广义负荷不仅包括传统用电设备的负荷，还包括用户侧分布式能源、电动汽车、用户侧储能、智能楼宇负荷、微电网中的电负荷等，如图5-1所示。

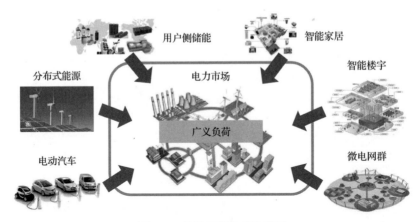

图 5-1　广义负荷构成示意图

从影响因素来看，广义负荷受到分布式电源、主动负荷、需求响应、电力市场等电力系统内、外部多重因素的耦合影响。这些因素给广义负荷带来的影响是显而易见的。以分布式光伏为例分析，大规模分布式光伏接入后，光伏在白天出力大量抵消了负荷，使负荷曲线由传统的"双峰"形状转变为中间深凹的形状，如图5-2所示。

另外一些因素对负荷产生间接影响，如电力市场，其可通过电价来调控需求侧资源的响应行为，从而改变负荷曲线形状和特点。此外，这些发展因素并非孤立地作用于电网负荷，不同因素之间还存在相互耦合互动。以储能为例，储能的

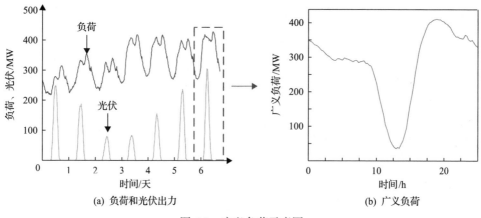

图 5-2 广义负荷示意图

充放电行为取决于分布式能源的出力和用户用电需求等。相比于传统的负荷,广义负荷的形态与特性均发生了根本性的变化。

受分布式可再生能源、储能、电动汽车、主动负荷和电力市场等新因素的耦合影响,广义负荷将具有以下典型特征。

(1)负荷成分更丰富。传统负荷主要是用户刚性需求。在新发展形势下,广义负荷成分不仅包含用户刚性需求,还新加入了分布式可再生能源、储能、电动汽车、主动负荷等新元素,并对广义负荷产生了重大的影响。

(2)受更多因素强耦合作用的显著影响。广义负荷的成分中,分布式可再生能源的出力直接取决于风速、光照辐射等气象因素,因此广义负荷与气象条件的联系将更加紧密。此外,广义负荷成分中的储能和主动负荷的响应行为与分布式可再生能源出力和电力市场紧密相关,同时也受社会因素、人为因素的影响。因此,广义负荷将受气象条件、人为因素、社会因素、电力市场等多重因素的强耦合作用的影响,导致广义负荷的形态和特性将变得更加复杂和多样化。

(3)广义负荷具备了"源-荷"特性。分布式可再生能源大规模接入配电网后,广义负荷由传统负荷的纯"荷"特性逐步转变成"源-荷"特性。当配电网的分布式可再生能源出力小于当地区域的负荷水平时,可再生能源可看成负的负荷,与负荷中和后,广义负荷仍旧表现为负荷特性。当配电网的分布式能源出力大于配电网的就地消纳水平时,配电网需将分布式能源发出的电能对外输送,因此表现出了电源的特性。

(4)具备响应能力。传统的配电网负荷仅由用户的刚性电能需求组成,不具备响应电网需求的能力。随着储能、主动负荷和电动汽车的快速增长,配电网负荷侧可响应资源的规模越来越大,使广义负荷具备了响应系统需求的能力,大幅提高了广义负荷的灵活性。响应资源的作用主要体现在两个方面。一方面,响应资源可在电力市场中响应电价，从而实现资源优化配置，提高系统运行经济性。另一方面，响应资源也可以作为应对分布式可再生能源出力不确定性的有效方法，保障电力系统电能供需平衡，提高系统运行的安全性。响应资源的响应行为也改变了广义负荷的形态和特性。

(5)具有更加强烈的不确定性。相比传统负荷，广义负荷的成分更加多元化，并且受众多不确定性因素的强烈影响。广义负荷不确定性的直接来源包括用户需求的不确定性、分布式可再生能源出力的不确定性和灵活性响应资源响应行为的不确定性。其中，分布式可再生能源出力的不确定性尤为剧烈，严重加剧了广义负荷的不确定性。与此同时，这三类直接来源受气象、社会、环境、政策、人为等多重不确定性因素的影响，导致广义负荷的不确定性来源更加复杂。

(6)具备快速的反应能力。为了应对由分布式可再生能源出力、需求侧响应等带来的不确定性，电力电子设备将在智能配电网中大规模应用，使智能配电网的快速响应和调控能力大幅增强，保证电力系统安全稳定。

(7)在不同时间尺度上的特性更加突出和复杂。广义负荷受众多影响因素在不同时间尺度上的特性的影响，也导致了智能负荷在多时间尺度上的特性更突出和复杂。

整体上看，未来电力负荷将受众多因素联合作用的强烈影响，且其灵活性大幅提升，同时不确定性和复杂度也更强烈，在不同时间尺度上具有更复杂的特性。这对广义负荷的描述、分析和预测方法提出了更高的要求。

5.2　未来电力的影响因素分析

传统电力系统以消耗煤炭、天然气等化石能源为主。为了应对日益严峻的化石能源枯竭问题和化石能源消费带来的环境污染问题，以清洁可再生能源为主的智能电网的建设正在全球范围内稳步推进。新的能源特性、技术发展和目标导向给新一代智能电网带来了巨大的变化。在此背景下，广义负荷受多种非线性因素的耦合影响，具有更复杂的负荷特性。下面具体分析可再生能源、电动汽车、电力市场、需求侧响应、储能等因素对广义负荷形态特性的影响。

5.2.1　可再生能源对广义负荷的影响

1. 可再生能源的发展

近年来，我国可再生能源发展迅猛，特别是风电和光伏装机规模大幅度增加，可再生能源发电装机容量及年新增发电装机都稳居世界第一。截至2021年底，全国发电装机容量约23.8亿kW，其中可再生能源发电装机达到10.63亿kW，占总发电装机容量的 44.7%，特别是风电和光伏发电占到 26.7%。在 2021 年的新增发电装机中，可再生能源新增装机占 76.1%，其中风电和光伏占比超过 58%。

其中，分布式可再生能源具有可分布在负荷区域、投资门槛低、社会闲散资金容易参与投资的特点，其发展越来越受到重视。以我国电力系统发展为例，2016 年 3 月 22 日，国家能源局就能源机构调整颁布了《2016 年能源工作指导意见》，提出积极发展分布式能源，放开用户侧分布式电源建设，鼓励多元主体投资建设分布式能源。积极发展天然气、光伏、广义负荷、生物质能、地热能等分布式能源，促进可再生能源就地消纳利用，推动区域能源转型示范，推进可再生能源与新城镇、新农村建设融合发展，已经成为我国应对气候变化、保障能源安全的重要内容。

近几年，分布式光伏发电增长尤其迅速。2021 年，我国新增光伏装机 54.87GW，其中集中式光伏电站 25.6GW，分布式光伏电站 29.27GW。截至 2021 年底，我国累计光伏并网容量为 305.987GW，其中集中式光伏电站 198.479GW，分布式光伏电站 107.508GW。由此可见，分布式可再生能源必然成为未来智能配电网中不可或缺的重要成分。

2. 可再生能源对广义负荷的影响分析

可再生能源并网后特别是分布式可再生能源并网后，电网负荷减去可再生能源出力后的负荷称为净负荷，属于广义负荷的一类。考虑可再生能源并网的广义负荷与原始电网负荷在负荷曲线形态、负荷特性上有较大差别。

以某地区广义负荷数据为例进行分析。图 5-3 为不同渗透率风电接入场景下

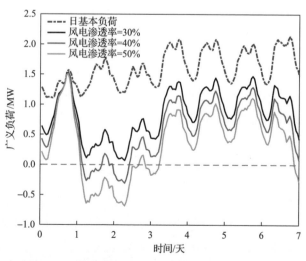

图 5-3　不同渗透率风电接入场景下的广义负荷曲线

的广义负荷曲线。从负荷曲线形态来看，日基本负荷曲线主要呈"双峰型"，而广义负荷曲线的形态多种多样，包括"单峰型""双峰型""多峰型"等。这表明接入可再生能源将改变负荷的曲线形态。同时可看到，相比于日基本负荷曲线，接入风电之后的广义负荷曲线幅值降低，且负荷曲线的波动性更强。随着风电渗透率的增加，广义负荷幅值下降明显。当风电渗透率高于40%时，在一些时段广义负荷出现负值，此时广义负荷节点向外输出功率，起到"电源"的作用。

进一步研究接入风电、光伏对广义负荷曲线形态的影响。设置不同风电、光伏渗透率的广义负荷场景，并通过对广义负荷数据进行聚类，得到广义负荷特征曲线典型模式。图5-4为基本负荷曲线的典型模式。图5-5为接入风电、光伏场景下的广义负荷曲线典型模式。

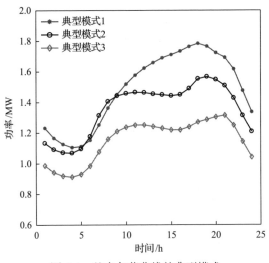

图5-4　基本负荷曲线的典型模式

图5-5(a)为渗透率为20%的风电接入的场景，该场景下的广义负荷曲线具有5种典型模式，其中典型模式1、2、4、5均呈"双峰型"，且典型模式2、5的第二个波峰要低于第一个波峰。典型模式3为"单峰型"。可见，风电接入使负荷模式变得多样化，这意味着增加了负荷的不确定性，给电力系统调度、运行计划的制定带来一些困难。

图5-5(b)为渗透率为20%的光伏发电接入的场景。该场景下广义负荷曲线典型模式的主要特点是负荷曲线中间凹陷，即在中午时段负荷曲线有较大的谷值，这是因为光伏出力曲线呈典型的单峰状且峰值出现在中午。此外可看到典型模式5在中午出现了负值，此时电网用电全部由光伏发电提供，且光伏发电尚有剩余，

可以外送。

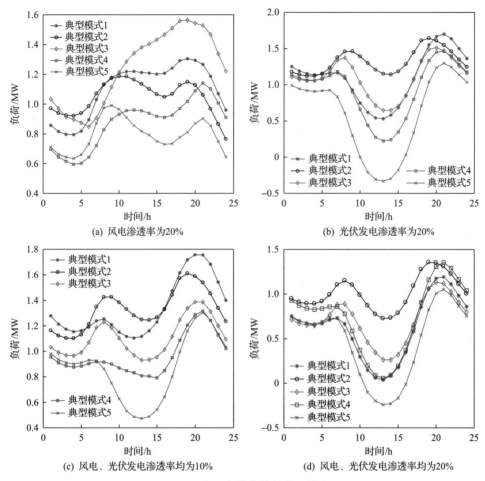

(a) 风电渗透率为20%

(b) 光伏发电渗透率为20%

(c) 风电、光伏发电渗透率均为10%

(d) 风电、光伏发电渗透率均为20%

图 5-5　广义负荷曲线的典型模式

　　同时考虑风电和光伏接入且风电和光伏发电渗透率均设置为 10%时，广义负荷典型模式如图 5-5(c)所示。可看到当风电和光伏同时接入电网时，广义负荷模式变得比两者单独接入时更加复杂。图 5-5(d)为风电、光伏发电渗透率均为 20%的场景，该场景下的广义负荷典型模式主要体现出光伏接入时的特征，即在中午时段负荷曲线向下凹陷。

　　整体来看，图 5-5 中的广义负荷典型模式均为 5 类，与图 5-4 对比可知，新能源接入使广义负荷曲线模式变得更多样和更复杂。这将使电力系统的调度运行方式也变得更复杂、多样。

5.2.2　电动汽车对广义负荷的影响

1. 电动汽车的发展

随着全球环境污染压力的日益增长，世界各国在能源转型及环境保护方面都投入了较高的关注度。传统燃油汽车为现代生活带来了诸多便利，但也暴露了诸多弊端，如环境污染、石油短缺等问题，面对日益严峻的环境问题以及石油短缺的问题，人们迫切需要不依赖于石油且对环境影响小的交通工具。在此背景下，节能环保的电动汽车得到快速发展。

据统计，2015 年全球电动汽车保有量为 126 万辆，其中我国电动汽车保有量呈迅猛增长趋势，达 33 万辆。2019 年全球电动汽车保有量为 850 万辆，其中我国达 310 万辆，占全球 1/3 以上。可见，我国和世界的电动汽车保有量呈现大幅增长趋势。2021 年我国电动汽车销量达 333.41 万辆，电动汽车在中国乘用车市场的渗透率从 2017 年的 2.4%快速增长至 2021 年的 16.0%。

近年来，我国政府制定了许多有关新能源汽车的发展计划及激励措施，并将其作为最重要的战略任务之一。为实现碳达峰碳中和目标，2021 年 10 月，国务院根据《2030 年前碳达峰行动方案》设定了到 2030 年当年新增新能源和清洁能源动力的交通工具比例达到 40%的目标。2022 年 1 月，国家发展改革委等部门共同印发《促进绿色消费实施方案》，显示了我国政府通过逐步取消购买限制、推动落实免限行及加强充电基础设施建设等支持政策推广新能源汽车的坚定决心。可以预见，未来我国电动汽车将得到快速发展，其将逐步取代消耗传统化石能源的汽车，成为一类新兴的大规模负荷。

2. 电动汽车对广义负荷的影响分析

为分析电动汽车接入带来的影响，采用文献[2]中的方法模拟产生不同规模电动汽车的充电负荷数据，如图 5-6 所示。可以看出，大规模电动汽车集中充电使广义负荷出现"峰上加峰"的情况，即负荷峰值变得更大，同时曲线的峰谷差也变大。这将对电网运行的稳定性与经济性产生不利的影响。

进一步对不同规模电动汽车充电场景下的广义负荷进行聚类分析，提取出广义负荷的典型曲线[3]，如图 5-7 所示。图 5-7 (a) ～ (d)分别为 10 万辆、50 万辆、150 万辆、300 万辆电动汽车充电场景下的广义负荷典型模式。图 5-7 (a)中的广义负荷典型模式与图 5-4 中的基本负荷典型模式相似，这是因为 10 万辆电动汽车的充电负荷相对于基本负荷而言仍较小，对负荷曲线模式影响不大。当电动汽车规模为 50 万辆时，广义负荷曲线形态发生明显改变，如图 5-7 (b)所示。对比图 5-7 (a)～(d)可发现，随着电动汽车规模增加，广义负荷典型模式之间的形态越来越接近，如图 5-7 (d)中的 3 类负荷典型模式十分相似。这是因为模拟生成电动汽车充电负

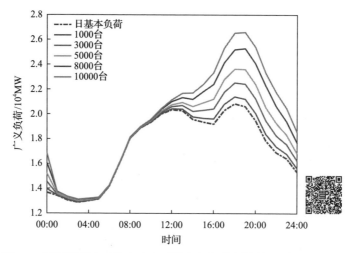

图 5-6　不同规模电动汽车充电时的广义负荷(彩图扫二维码)

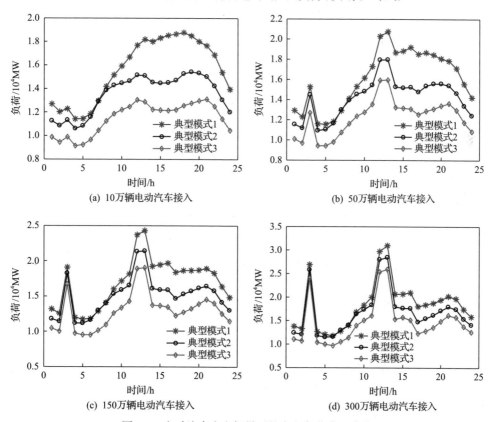

图 5-7　电动汽车充电场景下的广义负荷典型曲线

荷数据时采用相同的参数,从而各日的电动汽车充电功率是相似的,导致最终的广义负荷曲线形状也具有相似性。这表明当电动汽车大规模接入时,电动汽车的充电负荷是影响广义负荷曲线形态的主要因素。

5.2.3　电力市场对广义负荷的影响

1. 电力市场的发展

电力市场是促进电力系统资源优化配置的重要途径,其打破了传统电力系统的垄断模式,通过引入竞争激发电力行业的活力。同时,电力市场可作为聚集社会资本发展电力行业的平台,有效推进智能电网的建设。电力市场的发展已成为电力行业改革的必然选择。

电力工业市场化改革已是世界电力发展的共同趋势。国外电力市场建设已经走过30多年的历程,改革的步伐遍及五大洲,先后有50多个国家确定了建设竞争性电力市场的改革目标并进行了大胆的探索。我国的电力市场改革正在初步探索当中。2015年中共中央国务院发布了《关于进一步深化电力体制改革的若干意见》,明确了国家深化电力改革的重点和路径,提出了有序推进电价改革,理顺电价形成机制;推进电力交易体制改革,完善市场化交易机制;建立相对独立的电力交易机构,形成公平规范的市场交易平台;推进发用电计划改革,更多发挥市场机制的作用;稳步推进售电侧改革,有序向社会资本放开配售电业务;开放电网公平接入,建立分布式电源发展新机制;加强电力统筹规划和科学监管,提高电力安全可靠水平七大方面的重点任务,其核心可以理解为管住中间、放开两头的体制架构,有序放开输配以外的竞争性环节电价、有序向社会资本放开售电业务。

其配套文件《关于推进售电侧改革的实施意见》指出向社会资本开放售电业务,多途径培育售电侧市场竞争主体。售电主体设立将不搞审批制,只有准入门槛的限制。售电主体可以自主和发电企业进行交易,也可以通过电力交易中心集中交易。交易价格可以通过双方自主协商或通过集中撮合、市场竞价的方式确定。电力市场改革在我国势在必行。

2. 电力市场对广义负荷的影响

在电力市场背景下,广义负荷中有一部分负荷会随着电价的变化而变化,这类负荷称为电价型负荷。电价型负荷根据电价信号改变自身用电行为,从而改变广义负荷曲线形状,如图 5-8 所示。可以看到,在电价差的驱动下,广义负荷中的电价型负荷在电价高的时候用电减少,用电负荷向电价低的时段转移。

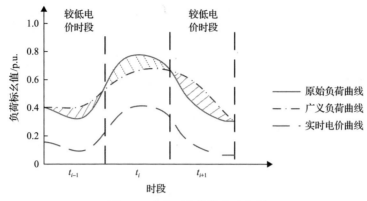

图 5-8　电价型负荷转移示意图

以某地实际负荷数据和电价数据为基础，采用文献[3]中电价对负荷的影响模型，获得电力市场影响下的广义负荷曲线，如图 5-9 所示。其中，所采用的电价政策为分时电价，其规定第一档峰段电价为 0.5769 元/(kW·h)、谷段电价为 0.3769 元/(kW·h)，其中峰段为 8:00 至 22:00，谷段为 22:00 至次日 8:00。

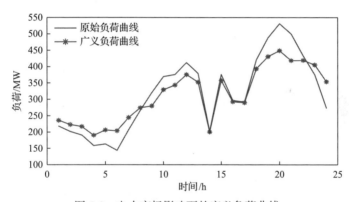

图 5-9　电力市场影响下的广义负荷曲线

由图 5-9 可看到，在峰段，受电价影响后广义负荷用电量下降；在谷段，广义负荷用电量上升。这表明广义负荷受分时电价的影响，其用电从负荷高峰期向低谷期转移，从而起到削峰填谷的作用。值得注意的是，该日负荷曲线在官方定义的峰期时段(8:00～22:00)出现负荷低谷(14:00)。此时，广义负荷曲线相对于原始负荷曲线变化不大。这是因为该时段实际用电需求较低，电价政策难以激励用户在该时段进一步减少用电。

5.2.4　需求侧响应对广义负荷的影响

在高比例可再生能源并网的新型电力系统中，单纯依赖调控电源侧资源难以满足新能源并网电力系统运行可靠、安全、经济、高效的要求，需要用户侧的灵活性资源参与调节以实现电力实时平衡。灵活性资源是在一定范围内可调整其用电行为的负荷，包括电动汽车、储能等主动负荷。灵活性资源通过需求侧响应来改变其用电时间及用电量大小，可参与电网的运行控制，达到供需平衡。由于灵活性资源会基于外部环境及激励信号等发生变化，所以考虑了灵活性资源后的广义负荷与传统负荷在形态和特性上有所差别。

需求侧响应主要有两种方式：基于激励的方式和基于电价响应的方式。基于激励的方式中，负荷管理层与用户首先签署调控主动负荷和激励补偿的合同，之后负荷管理层可调控相应的主动负荷，并根据合同和负荷的调控量给予相关用户相应的补偿。其中主要包括直接负荷控制、可中断负荷和紧急电力需求响应等调控方法。基于电价响应的方式中，主动负荷通过响应电力市场下变化的电价实现其经济性目标。响应的电价包括分时电价、日前电价、实时电价和尖峰电价等。

需求侧响应增强了负荷的灵活性，使配网侧负荷自身具备了一定的平抑分布式可再生能源出力不确定性的能力，有助于促进分布式可再生能源的消纳和提高系统运行的安全可靠性和经济性。同时，需求侧响应资源并非完全可控，其响应行为不仅受激励因素的影响，也受人为主观因素的影响，因此具有一定的不确定性。另外，主动负荷所响应的电价的规律性与传统负荷相比偏低，导致响应后的负荷形态更加复杂化。

下面进行实例分析。以某地实际负荷数据和新能源数据为基础，考虑通过需求侧响应来平抑新能源接入带来的负荷波动。采用文献[3]中考虑需求侧响应的广义负荷模型，得到需求侧响应后广义负荷的曲线形态，如图 5-10 所示。其中，图 5-10（a）为基本负荷曲线，可看到其呈现典型的"双驼峰型"和"单驼峰型"。图 5-10（b）为接入新能源后的广义负荷，可发现和基础负荷相比，广义负荷形态发生了较大改变。图 5-10（c）为进行需求侧响应后的广义负荷曲线，其中，需求侧响应的目标是平移新能源接入带来的负荷波动。对比图 5-10（b）和（c）可看到，需求侧响应之后广义负荷曲线变得平缓，峰谷差减小，有利于电力系统的调峰。

5.2.5　储能对广义负荷的影响

储能在消纳具有出力不确定性的风、光等可再生能源上发挥着关键的作用。一方面，储能可平抑风电、光伏等可再生能源出力的波动性，提高电网接纳可再生能源的能力；另一方面，储能可配合火电机组参与调峰调频，缓解调度压力，保障电力系统安全稳定运行。储能的本质是通过主动控制实现时间尺度上有限的能量转移，可实现电网负荷的削峰填谷，从而改变负荷曲线的形态。

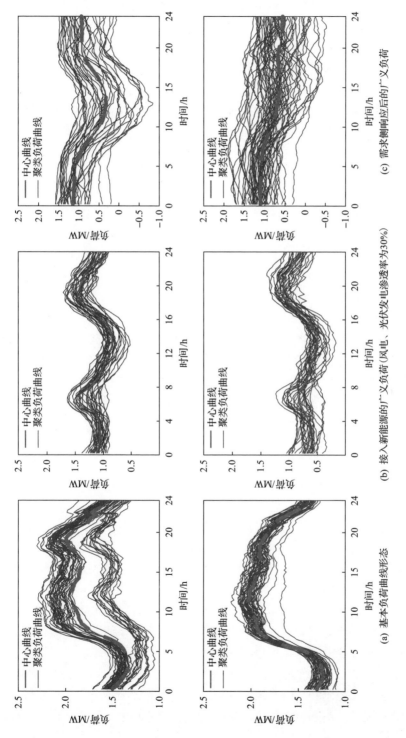

图5-10　需求侧响应后的广义负荷特征曲线

储能的发展前期受制于其高昂的成本。近年来,得益于储能技术的快速发展,储能价格大幅降低。以磷酸铁锂储能系统价格为例,2018年磷酸铁锂储能系统价格继续下降,平均降至1100~1200元/(kW·h),个别企业的磷酸铁锂储能系统价格甚至降至1000元/(kW·h)以下。储能成本的下降加速了储能的发展,其应用领域更加宽广。

根据中关村储能产业技术联盟(China Energy Storage Alliance, CNESA)全球储能项目库的不完全统计,截至2021年底,中国已投运电力储能项目累计装机规模为46.1GW,占全球市场总规模的22%,同比增长30%。其中,抽水蓄能的累计装机规模最大,为39.8GW,同比增长25%,所占比重与2020年同期相比再次下降,下降了3个百分点;市场增量主要来自新型储能,累计装机规模达到5729.7MW,同比增长75%。2021年,中国新增投运电力储能项目装机规模首次突破10GW,达到10.5GW,其中,抽水蓄能新增装机规模为8GW,同比增长437%;新型储能新增装机规模首次突破2GW,达到2.4GW/4.9GW·h,同比增长54%。新型储能中,锂离子电池和压缩空气储能均有百兆瓦级项目并网运行,特别是后者,在2021年实现了跨越式增长,新增投运规模为170MW,接近2020年底累计装机规模的15倍。

电力系统中,电网侧储能已从无到有,从有到多;电源侧储能呈现爆发趋势,主要为储能配合火电机组参与调峰调频;用户侧储能平稳增长。在配电网领域,储能大规模应用并发挥重要的作用已成为必然趋势。储能与出力不确定的风、光等可再生能源结合,可提高电网消纳可再生能源的能力。同时,储能也可参与调峰调频,提高供电可靠性水平,改善系统电能质量。

5.2.6 综合能源对广义负荷的影响

综合能源是下一代智能的能源系统,其以智能电网为核心,多种能源的源、网、荷深度融合,紧密互动优化,从而实现智慧能源、多能互补,大幅提高社会能源的利用率。综合能源系统一般集成了供电、供气、供暖、供热、供氢和电气化交通等能源系统,以及相关的通信和信息基础设施。当前,综合能源服务正成为能源企业跨界竞争的主战场,既是非电企业涉足电力市场的入口,也是电力企业进军非电力市场的出口。

综合能源目前在技术上存在两大关键问题。一是解决可再生能源接入问题,需要储能技术取得重大突破。储能可以平抑分布式可再生能源的波动性,起到调峰调频的作用,但目前储能技术仍存在储能容量小、经济性较差等问题,还不能大规模普及,直接影响综合能源服务业务的推广。二是解决多种能源的调度问题,需要多能管理协调控制技术的突破。如何管理各种能源和各类负荷,有效地进行协调运行非常关键。当系统由多个微电网组成,形成几十个甚至上百个微电网群时，如何协调控制和互补运行，将成为巨大的技术挑战。

随着储能和人工智能技术的突破，综合能源的发展将迎来爆发期，并对电力系统负荷端带来显著的改变。首先，综合能源将电力系统与其他能源耦合，从根本上改变了传统配电网纯负荷属性的状态。当区域产能过剩时，多能系统可通过电力系统配电网对外输送能量，使配电网呈现电源特性。其次，多能互补大幅提高了负荷的就地消纳能力，大幅提升区域电网自给自足的能力，降低了配网侧对外的负荷量。与此同时，综合能源的多能源与多负载深度融合优化，将大幅改变配电网的负荷曲线的形态和特性。

参 考 文 献

[1] 康重庆, 姚良忠. 高比例可再生能源电力系统的关键科学问题与理论研究框架[J]. 电力系统自动化, 2017, 41(9): 2-11.

[2] Li J H, Lai C W, Chen B, et al. Research concept of pattern features of generalized load curves in future power systems[C]// 2019 IEEE Innovative Smart Grid Technologies - Asia (ISGT Asia), Chengdu, 2019.

[3] 韦善阳, 黎静华, 黄乾, 等. 考虑多重因素耦合的广义负荷特征曲线的模式分析[J]. 电力系统自动化, 2021, 45(1): 114-122.

第6章 高比例可再生能源电力预测理论与方法

6.1 基于风速云模型相似日的短期风电功率预测

6.1.1 风速云模型的构建

统计方法是目前应用最广泛的风电功率预测方法,在历史样本充分的情况下,一般可获得较高的预测精度和泛化能力。现有方法大多默认假设训练样本中含有明确的、数量有限的天气类型/风况类型,据此分类建立预测模型在一定程度上提高了整体精度。但实际上天气变化复杂多样、类属模糊,即便在相同季节、相同月份、相同类属下,每一天的天气和风速变化曲线也都可能相差较大,很难通过直接参数精确、全面地提取特征,从而导致某一天或某些时刻点的预测结果偏差较大。在大规模风电并网后,电力系统更需关注未来调度时段(天、小时等)内各个时刻点的功率波动情况及其预测精度。因此,需要考虑实际天气系统的复杂性、多样性和模糊性,以天为单位判断样本相似度,通过对历史数据的定向筛选和精细化利用,最终提高短期风电功率预测精度。

1. 云模型的定义

风电的不确定性主要体现为随机性和模糊性两个方面,其产生机理和本质来源包括:①自然风波动与间歇的随机性,分为天气系统内发生的随机性以及尾流、地形等局地效应激励的随机性,如天气系统的瞬变(风况发生不连续的快速变化,且开始时间、持续时间、变化特征、发生频率等要素的规律性不易掌握)、湍流的存在(脉动风的幅度与频率随时间变化多样且不规则)等;②风-电转换过程中的模糊性,如风速与输出功率的实际对应关系不明确(尤其在功率曲线拐点处)等。

云模型的定义为用语言值表示的某个定性概念与实际统计数据之间的不确定性转换模型。它将语言值中定性概念的模糊性和随机性相结合,构成定性特征和定量统计数据间的映射关系。

云模型的数字特征:期望值、熵和超熵。

期望值 Ex:云模型的重心位置,标定了定性概念中确定性的中心值度量,是云滴在论域空间分布中的数学期望值,是概念量化的最典型样本。在风速云模型中,期望值代表平均风速的大小。

　　熵 En：定性概念的模糊性与随机性度量，并且由概念的随机性和模糊性共同决定，不仅反映了能够代表定性概念的云滴的离散程度，还决定了论域空间中可被概念接受的云滴的数量，即亦此亦彼性的裕度。熵值描述了风速的随机概率分布情况和模糊性，熵值越大，说明当天风速变化范围越大，当天的风速围绕平均风速变化得更加频繁。

　　超熵 He：表示熵的不确定性，取决于熵的不确定性。风速云模型中的超熵反映了当天风速波动规律的不确定性大小。超熵越大，风速波动随机性越大。

　　设 U 是由实测数值表示的定量论域，C 是 U 上的一个定性概念，对于某一确定数值 $x \in U$，且 x 是定性概念 C 的一次随机实现，x 对 C 的确定度 $\mu(x) \in [0,1]$ 是有稳定倾向的随机数。x 在论域 U 上的分布构成云模型，每一个 x 称为一个云滴。

$$\mu: U \to [0,1], \quad \forall x \in U, \quad x \to \mu(x) \tag{6-1}$$

云模型具有以下特征：

　　(1) 论域 U 的维数不唯一。

　　(2) 定义中提及的随机实现，是概率意义下的实现。定义中提及的确定度，相当于模糊集合中的隶属度，同时又具有概率意义的分布，体现了模糊性和随机性的关联性。

　　(3) 对于任意一个 $x \in U$，x 到区间 [0,1] 上的映射是一对多的变换，x 对于 C 的确定度是一个概率分布，不是固定数值。

　　(4) 云由许许多多的云滴组成，云滴之间无时序性，一个云滴是定性概念在数量上的一次实现，云滴越多，越能反映这个定性概念的整体特征。

　　(5) 云滴出现的概率决定了云滴的确定度，确定度越高，该云滴对概念的贡献就大。

　　综上所述，基于云模型的概念和特性，把风速历史数据按天划分，建立风速云模型，借此来表征一天内风速的变化特性，通过计算风速云模型间的相似度来选择具有相似波动特点的历史数据，可达到提高数据样本质量的目的。

2. 正向云算法

　　正向云变换过程根据定性概念的数字特征值生成一系列云滴，并且云滴组合成的云模型能够表示该定性概念。根据正向云变换的计算结果，建立表达当天风速的云模型，具体计算过程如下。

　　输入：一天风速的数字特征 (Ex, En, He)，生成风速云滴的个数 k。

　　输出：k 个风速云滴 v_i 及其确定度 $\mu(v_i)$，$i=1,2,\cdots,k$。

　　步骤 1：生成以 En 为期望值、He^2 为方差的一个随机风速 $\text{En}_i' = N(\text{En}, \text{He}^2)$。

步骤 2：生成以 Ex 为期望值、$En_i'^2$ 为方差的一个风速云滴 $v_i = N(Ex, En_i'^2)$。

步骤 3：计算 $\mu_i = \exp\left(-\dfrac{(v_i - Ex)^2}{2En_i'^2}\right)$，代表风速云滴 v_i 出现的概率。

步骤 4：重复步骤 1～步骤 3，直至产生 k 个风速云滴为止。

3. 逆向云算法

在数学中已经证明，任意概率分布都可以分解为若干正态分布之和。因此，针对实际风电场运行当中一天内记录的风速点数量较少的特点，对一天当中记录的风速数据进行多次不重复正态随机过程抽取样本数据。在抽样结果的基础上，采用逆向云算法计算风速云模型的数字特征，具体计算过程如下。

输入：风速 $v_1, v_2, \cdots, v_n$，v_i 为单点时刻风速值，n 为风速点数量。

输出：风速的数字特征 (Ex, En, He)。

步骤 1：计算当天风速的平均值 $\widehat{Ex} = \dfrac{1}{n}\sum\limits_{i=1}^{n} v_i$，得到风速期望值 Ex 的估计值。

步骤 2：将每天原始风速样本 $v_1, v_2, \cdots, v_n$ 进行随机可重复抽样，抽取 m 组样本，且每组抽 r 个样本点，抽样结果代表当天风速情况。计算每组风速样本数据的方差。

$$\hat{y}_i^2 = \frac{1}{r-1}\sum_{j=1}^{r}(v_{ij} - \widehat{Ex}_i)^2, \quad i = 1, 2, \cdots, m \tag{6-2}$$

式中，$\widehat{Ex}_i = \dfrac{1}{r}\sum\limits_{j=1}^{r} v_{ij}$ 为组内样本均值。根据正向云变换过程，可认为 $\hat{y}_1, \hat{y}_2, \cdots, \hat{y}_m$ 是来自正态分布 $N(En, He^2)$ 的一组样本。经过模拟多次验证，在正态随机抽样过程当中 m、r 分别取 50 和 70 为合适数值。

步骤 3：从每组样本数据 $\hat{y}_1^2, \hat{y}_2^2, \cdots, \hat{y}_m^2$ 中计算 En^2、He^2 的估计值。

$$\widehat{En}^2 = \frac{1}{2}\sqrt{4(\widehat{EY}^2)^2 - 2\widehat{DY}^2} \tag{6-3}$$

$$\widehat{He}^2 = \widehat{EY}^2 - \widehat{En}^2 \tag{6-4}$$

式中

$$\widehat{EY}^2 = \frac{1}{m}\sum_{i=1}^{m}\hat{y}_i^2 \tag{6-5}$$

$$\widehat{\mathrm{DY}}^2 = \frac{1}{m-1}\sum_{i=1}^{m}(\hat{y}_i^2 - \widehat{\mathrm{EY}}^2)^2 \tag{6-6}$$

6.1.2　风速云模型相似度的计算

考虑到采用统计方法进行风电功率预测时的训练机理，认为不同时间段内风速相似，主要包括两种情况：①风速大小接近，趋势相近；②同一时间点风速大小不接近，但整个时间段内风速分布频率接近，分布相似。本书中采用基于云模型空间重叠度的相似性度量方法，计算定性概念间云滴分布的相似度，能够兼顾风速相似的两种情况，具体方法如下。

输入：每天风速历史数据云模型数字特征(Ex, En, He)。

输出：云模型间相似度 Sim_j，$j=1,2,\cdots,n'$，其中 n' 为历史数据天数。

步骤 1：计算风速云模型 $C_1(\mathrm{Ex}_1, \mathrm{En}_1, \mathrm{He}_1)$ 和 $C_2(\mathrm{Ex}_2, \mathrm{En}_2, \mathrm{He}_2)$ 的交点 x_1 和 x_2。

$$\begin{cases} x_1 = \dfrac{\mathrm{Ex}_2\mathrm{En}_1 - \mathrm{Ex}_1\mathrm{En}_2}{\mathrm{En}_1 - \mathrm{En}_2} \\[3mm] x_2 = \dfrac{\mathrm{Ex}_1\mathrm{En}_2 - \mathrm{Ex}_2\mathrm{En}_1}{\mathrm{En}_1 + \mathrm{En}_2} \end{cases} \tag{6-7}$$

步骤 2：计算风速云模型间相似度 $\mathrm{Sim}(C_1, C_2)$，$0 \leqslant \mathrm{Sim}(C_1, C_2) \leqslant 1$，根据风速云滴群所在位置和形状，定量化描述两个风速云模型间的重叠关系。风速云模型间相似度越大，风速的分布和变化特征越为接近。

步骤 3：重复上述两步，直到计算完所有天数和预测日风速云模型的相似度。

步骤 4：对相似度进行降序排列，选择相似度最高的 5 天的风速样本点作为预测模型的训练样本。

如图 6-1 所示，相似日 1 和相似日 2 分别代表风速相似的两种情形，相似度分别为 0.93、0.82。从图中可以看出，相似日 1 风速曲线的变化趋势、波动频率与预测日比较一致，且相同时间点下风速相差较小；而相似日 2 在风速数值上与预测日较为接近(云模型期望参数较为接近)，但波动幅度和趋势不尽一致，即熵和超熵参数与预测日的差别较相似日 1 而言更大。该结果证明了所提方法能够全面地筛选出历史数据中与预测日风速相似的部分。

6.1.3　短期风电功率预测模型的建立

径向基(radial basis function, RBF)神经网络是一种前向型神经网络，最基本的构成包括三层，其结构如图 6-2 所示，其中每一层的作用都不同。第一层为输入层，由信号源节点组成，将网络与输入信号连接起来；第二层是隐含层，

节点数由所描述的问题决定，它的作用是进行从输入空间到隐藏空间的非线性
变换。第三层是输出层，输出层是线性的，它为作用于输入层的激活模式提供
响应。

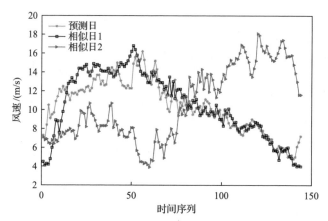

图 6-1 基于云模型选取相似日的两种情形

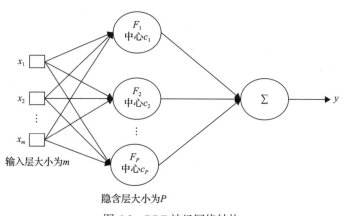

图 6-2 RBF 神经网络结构

在实际的应用当中，随机选取中心法、有监督选取中心法、自组织选取法和
正交最小二乘法等是应用最广泛的径向基函数中心的选取方法。本书根据风电机
组在实际运行中的风速与功率两者之间的关系，选择自组织选取法求取 RBF 神经
网络基函数中的参数。

本书选择的径向基函数是高斯函数，表达式如下：

$$F\left(\|x-c_i\|\right) = e^{-\frac{\|x-c_i\|^2}{2\sigma_i^2}} \tag{6-8}$$

式中，σ_i 为非线性转换单元的宽度；c_i 为第 i 个神经元的聚类中心。

对于给定的输入变量 x_i，RBF 神经网络输出函数表达式为

$$f(x) = \sum_{i=1}^{N} w_i F\left(\|x_i - c_i\|\right) \tag{6-9}$$

式中，N 为隐含层神经元数量；w_i 为隐含层和输出层之间的权值。

6.1.4　算例分析

1. 数据和短期风电功率预测误差的评价指标

实验数据为我国某风电场中某台风电机组在 2013～2014 年经过筛选的实际运行数据，包括 NWP 风速、测风塔实测风速和实测功率，数据点时间间隔为 10min，机组额定功率为 2MW。根据实测风速、机组实测功率与桨距角的关系，结合机组功率特性曲线判断机组运行状态，并据此进行限电数据和不合理出力数据的筛选和剔除，剔除的数据占总数据的 3.7%。实例验证在 MATLAB 2016b 环境下编程实现，预测时长为 1 天，共 144 个功率点。

有效的误差评价指标能够反映短期风电功率预测结果所包含的有效信息，有利于从预测结果当中发现预测系统的特点，进而改善预测系统，提高预测精度。目前，在实际单点预测系统当中最常用的误差评价指标有：均方根误差(root mean square error，RMSE) 和平均绝对误差(mean absolute error，MAE)，两者的计算方法如下：

$$\text{RMSE} = \frac{\sqrt{\sum_{i=1}^{n}(P_{ai} - P_{pi})}}{\text{Cap}} \tag{6-10}$$

$$\text{MAE} = \frac{\sum_{i=1}^{n}\left|P_{ai} - P_{pi}\right|}{\text{Cap}} \tag{6-11}$$

式中，P_{ai} 为 i 时刻的实测功率；P_{pi} 为 i 时刻的预测功率；Cap 为单台风电机组的额定功率；n 为功率点数目。均方根误差能够衡量预测误差的分散程度，平均绝对误差能够衡量误差的分散程度。

2. 基于实测数据的实例分析

影响风电功率预测精度的主要因素有 NWP 数据精度、训练样本特征和预测模型。本书所提方法的目的是寻找与预测日风速具有相似性质的数据作为训练样本，进而达到提高预测精度的效果。为证明所提方法的有效性，最大限度地

避免 NWP 数据所引起的预测误差，先使用历史数据中的实测风速及实测功率进行验证。

　　首先，采用前文所述的逆向云算法，计算历史数据中每天风速的三个数字特征，在正态随机抽样过程当中 m、r 分别取 50、70。然后，根据上述计算所得的数字特征，应用正向云算法建立风速云模型。最后，计算预测日和历史数据中每天风速云模型的相似度，进而挖掘相似度最高的 5 天的风速数据作为训练样本，建立 3 层径向基神经网络预测模型，以筛选的相似日风速样本数据作为网络输入，实际功率作为网络输出训练预测模型，进行短期风电功率预测。

　　预测日和相似日风速云模型的数字特征见表 6-1。预测日与从历史数据中筛选出来的相似日的风速云模型如图 6-3 所示，相似度分别为 0.86、0.84、0.81、0.80、0.75，图中所示风速云模型描述了风速分布的整体特征，期望值代表风速的平均值、熵值描述了风速的波动性和不确定性。预测日和相似日的风速曲线如图 6-4 所示，从图中可以看出预测日与相似日的风速曲线具有相似的波动特征。

表 6-1　预测日和相似日风速云模型的数字特征

预测日和相似日	Ex/ (m/s)	En	He
预测日	7.51	1.68	0.0092
相似日 1	7.45	1.31	0.0028
相似日 2	7.65	2.13	0.0043
相似日 3	7.70	2.20	0.0136
相似日 4	7.68	2.37	0.0125
相似日 5	7.32	1.36	0.0064

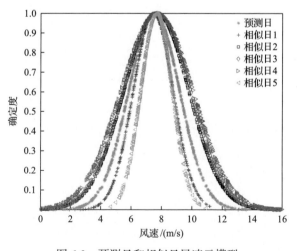

图 6-3　预测日和相似日风速云模型

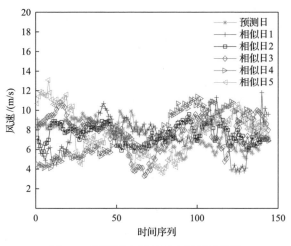

图 6-4　预测日和相似日实测风速曲线

　　选取预测日前 5 天的数据作为普通训练样本，记这 5 天为普通日。为了直观地对比本书所提方法的有效性，采用箱线图描述预测日、相似日及普通日的风速特性。风速箱线图中展示了风速样本数据的中位数、最大最小值、上下四分位点、分布离散值等特征参数，如图 6-5(a) 所示，其中箱子高度差表示风速分布的离散情况，高度差越小，表明风速分布越集中。预测日和相似日风速箱线图、预测日和普通日风速箱线图见图 6-5(b) 和 (c)。由图可知，预测日风速主要分布在 6.5～8.5m/s 区间内，相似日的风速分布则包含该区间或含于该区间内，而普通日风速则主要分布在该区间之外，其对应风电出力特性必然相差较大。而且相比于普通日风速分布，预测日与相似日风速分布的分散性、波动范围及风速中位数都更加接近。

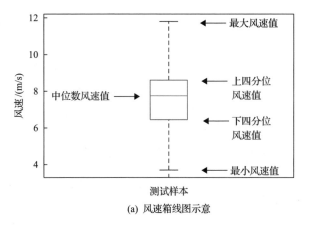

(a) 风速箱线图示意

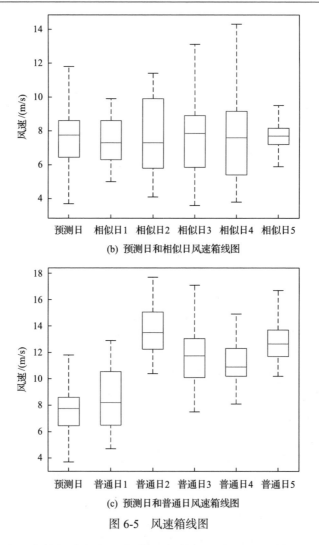

(b) 预测日和相似日风速箱线图

(c) 预测日和普通日风速箱线图

图 6-5　风速箱线图

　　基于前文从历史数据中挖掘的相似日的结果，采用 RBF 神经网络进行步长为 1 天的短期风电功率预测。图 6-6 为两种方法的风电功率预测结果，其中基于相似日的预测方法均方根误差为 2.53%，平均绝对误差为 2%；普通预测方法的均方根误差为 8.2%，平均绝对误差为 4.75%。由图 6-6 可知，基于相似日的短期风电功率预测整体精度高于普通预测，而在功率较小时表现得更为明显。

　　由图 6-5(a) 可知，预测日的整个风速波动区间为 4～12m/s，而普通样本中缺乏低风速样本点，预测模型缺乏对该情景下机组风速与功率的关系的学习过程，导致模型外推能力不足，无法精确地预测该风速区间内的功率值。而相似日中包含了预测日的所有发电情景，因此预测精度得到提高。

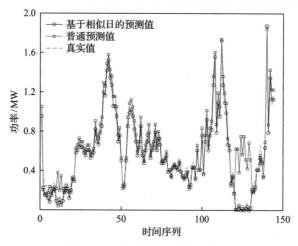

图 6-6　两种预测方法的预测结果

为进一步证明本方法的有效性，在每月当中随机抽取一天进行预测。预测结果的均方根误差及平均绝对误差如表 6-2 所示，由表 6-2 可知本书所提方法能够提高短期预测精度。

表 6-2　两种方法每月随机抽一天进行预测的误差比较（实测数据）

月份	RMSE/%		MAE/%	
	基于相似日的预测	普通预测	基于相似日的预测	普通预测
1	3.01	3.39	2.84	2.61
2	2.37	6.00	1.96	5.61
3	4.43	5.99	3.09	4.82
4	3.05	3.72	2.53	3.16
5	3.74	4.69	2.50	3.92
6	2.18	3.39	1.81	2.71
7	3.62	4.19	2.61	3.35
8	1.32	1.46	1.03	1.18
9	1.20	1.30	0.91	0.98
10	2.54	3.57	1.90	2.66
11	1.11	3.35	0.85	2.82
12	4.92	5.22	4.21	4.55

3. 基于 NWP 数据的实例分析

在风电场实际运行当中，提前一天的短期风电功率预测大多采用 NWP 风速数据，为验证所提方法的实用性，采用 NWP 数据进行实例验证。

基于云模型相似度选取训练样本的结果见图 6-7,由图可知预测日风速与相似日风速具有相近的趋势和风速值。

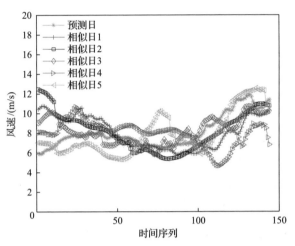

图 6-7　预测日和相似日 NWP 风速曲线

图 6-8 为基于本书所提方法进行风电功率预测与普通方法进行预测的结果,均方根误差分别为 12.36%、19.32%。

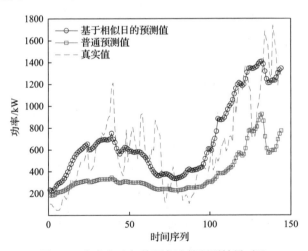

图 6-8　本书方法与普通方法的预测结果对比

考虑到不同月份的风速特征不同,分别从每月中选取一天进行预测,结果如表 6-3 所示。从两种预测精度的评价指标中可以看出,基于云模型选取相似日进行短期风电功率预测能够有效减小由训练样本数据特征引起的误差。

表 6-3　两种方法每月随机抽一天进行预测的误差比较（NWP 数据）

月份	RMSE/%		MAE/%	
	基于相似日的预测	普通预测	基于相似日的预测	普通预测
1	18.09	20.77	17.65	21.13
2	12.50	15.46	18.38	21.86
3	14.41	17.19	14.85	17.31
4	13.34	16.60	16.01	18.28
5	9.91	11.63	15.64	18.16
6	6.21	10.39	8.31	11.79
7	9.82	13.00	10.89	13.90
8	7.87	9.64	9.92	11.87
9	7.57	9.43	10.86	13.07
10	9.37	11.32	10.39	12.83
11	13.66	16.87	13.91	17.01
12	14.93	17.76	19.56	21.72

6.2　基于 LSTM 网络的风电场发电功率超短期预测

6.2.1　长短期记忆网络

1. 长短期记忆网络的结构

广义上，LSTM 网络是循环神经网络（recurrent neural network, RNN）中的一种特殊模型，它同样具备 RNN 的递归属性。狭义上，它又是 RNN 的一种改进模型，具有独特的记忆和遗忘模式，可以灵活地适应网络学习任务的时序特征。同时，LSTM 网络解决了递归神经网络在反向时间传播训练过程中的梯度消失和梯度爆炸问题，能够充分利用历史信息，建模信号的时间依赖关系。最近，LSTM 网络已经在众多序列预测任务取得了巨大成功，如语音预测、手写文字预测等。

LSTM 网络由输入层、输出层和隐含层构成。与传统的 RNN 相比，LSTM 网络的隐含层不再是普通的神经单元，而是具有独特记忆模式的 LSTM 单元。LSTM 单元结构如图 6-9 所示。

每一个 LSTM 单元拥有一个元组（cell），其在时刻 t 的状态记为 c_t，这个元组也可以被视为 LSTM 网组的记忆单元。对 LSTM 网组中记忆单元的读取和修改通过对输入门（input gate）、遗忘门（forget gate）和输出门（output gate）的控制来实现，它们一般采用 sigmoid 或 tanh 函数进行描述。具体地，LSTM 单元的工作流程如下：每一个时刻，LSTM 单元通过 3 个门接收当前状态 x_t 和上一时刻 LSTM

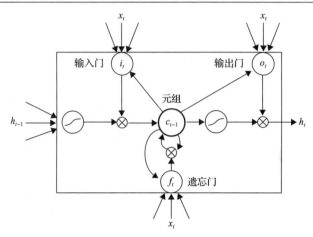

图 6-9　LSTM 单元结构

网组的隐藏状态 h_{t-1} 这两类外部信息的输入。此外，每一个门还接收一个内部信息输入，即记忆单元的状态 c_{t-1}。接收输入信息后，每一个门将对不同来源的输入进行运算，并且由其逻辑函数决定其是否激活。输入门的输入经过非线性函数的变换后，与遗忘门处理过的记忆单元状态进行叠加，形成新的记忆单元状态 c_t。最终，记忆单元状态 c_t 通过非线性函数的运算和输出门的动态控制形成 LSTM 单元的输出 h_t。各变量之间的计算公式如下：

$$i_t = \sigma(W_{xi}x_t + W_{hi}h_{t-1} + W_{ci}c_{t-1} + b_i) \tag{6-12}$$

$$f_t = \sigma(W_{xf}x_t + W_{hf}h_{t-1} + W_{cf}c_{t-1} + b_f) \tag{6-13}$$

$$c_t = f_t c_{t-1} + \tanh(W_{xc}x_t + W_{hc}h_{t-1} + b_c) \tag{6-14}$$

$$o_t = \sigma(W_{xo}x_t + W_{ho}h_{t-1} + W_{co}c_t + b_o) \tag{6-15}$$

$$h_t = o_t \tanh(c_t) \tag{6-16}$$

式中，W_{xc}、W_{xi}、W_{xf}、W_{xo} 为连接输入信号 x_t 的权重矩阵；W_{hc}、W_{hi}、W_{hf}、W_{ho} 为连接隐含层输出信号 h_t 的权重矩阵；W_{ci}、W_{cf}、W_{co} 为连接神经元激活函数输出矢量 c_t 和门函数的对角矩阵；b_i、b_c、b_f、b_o 为偏置向量；σ 为激活函数，通常为 tanh 或 sigmoid 函数。

2. LSTM 网络的训练算法

目前，针对 LSTM 网络等递归神经网络模型，主流的训练方法有 2 种：按时间展开的反向误差传播(back-propagation through time，BPTT)算法[1]和实时递归学习(real time recurrent learning，RTRL)算法[2]。由于 BPTT 算法概念清晰且计算高效，在计算时间上较 RTRL 算法更具优势，因此本书采用该算法来训练 LSTM 网络。

BPTT 算法的基本思路为先将 LSTM 网络按照时间顺序展开为一个深层的网络，然后使用经典的 BP 算法对展开后的网络进行训练，其示意图如图 6-10 所示。和标准的 BP 算法一样，BPTT 算法也需要反复应用链式规则。需要注意的是，对于 LSTM 网络，损失函数(loss function，LF)不仅与输出层有关，而且与前后时间点的隐含层有关。

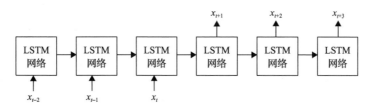

图 6-10　BPTT 算法训练 LSTM 网络示意图

6.2.2　风电场发电功率与气象因素相关性分析

风电场发电功率实际上是风电场大气动能的一种体现。即使是相同的风速对于不同的大气状态而言所具有的大气动能也是不同的，导致风电机组所输出的功率不同。从物理本质上来说，影响风电场发电功率的因素有很多，包括风速、风向、温度、大气密度等。在一些已有的研究中，仅依靠风电功率的历史值来预测将来值，而不考虑其他环境因素的影响。这类方法存在明显的不足之处，模型的外推能力较差。因此，在建立风电功率超短期预测模型时，考虑更多影响风电场出力的因素，可以提升风电功率超短期预测的精度。然而，对风电功率预测影响不明显的因素的加入又可能会引入额外的干扰，反而恶化预测模型的性能。因此，利用 LSTM 网络对风电场发电功率进行超短期预测时，关键问题之一在于合理地选取模型的输入变量。在多个气象因素并存的情况下，识别对风电场发电功率影响较大的气象因素非常重要。

美国国家可再生能源实验室(National Renewable Energy Laboratory，NREL)提供了北美大陆若干个风电场的风电功率以及风向、风速、温度、大气密度等 4 类气象信息数据。本书以此数据为基础，挖掘各个气象因素对风电出力的影响，从而选择合适的模型输入变量。采用距离分析法[3]中的皮尔逊相似度来近似刻画美国加利福尼亚州某风电场在 2012 年第二季度(4~6 月)的发电功率数据和风电场同期气象数据的相关性。2 个 n 维向量 x、y 的皮尔逊相关系数的计算公式如式(6-17)所示。

$$r_{xy} = \frac{\sum\limits_{i=1}^{n}(x_i - \overline{x})(y_i - \overline{y})}{\sqrt{\sum\limits_{i=1}^{n}(x_i - \overline{x})^2}\sqrt{\sum\limits_{i=1}^{n}(y_i - \overline{y})^2}} \tag{6-17}$$

式中，$\overline{x}$、$\overline{y}$分别为x、y中元素的平均值。

明显地，皮尔逊相关系数r_{xy}是[-1,1]中的实数。当$r_{xy} > 0$时，两个变量正相关，反之，则负相关。$|r_{xy}|$越大，x和y的相关程度越高。距离分析结果如表6-4所示。表中列出了风向(WD)、风速(WS)、温度(AT)、大气密度(AD)、风电功率(WP)等5组时间序列之间的相关系数。由表6-4可知，该风电功率与风速相关性最大，为0.9465；与大气密度的相关程度次之，相关系数为-0.6694；此外，风电功率与风向及温度的相关程度较低，相关系数分别为-0.0521、0.3254。值得指出的是，在不同的风电场中，风电功率与各气象因素之间的相关程度往往存在一定差异。当研究对象发生变化时，上述相关性的结论可能不再适用。

表 6-4　风电功率与气象因素之间的距离分析结果

	WD	WS	AT	AD	WP
WD	1	-0.0791	-0.1752	0.0179	-0.0521
WS	-0.0791	1	0.4473	-0.3789	0.9465
AT	-0.1752	0.4473	1	-0.6270	0.3254
AD	0.0179	-0.3789	-0.6270	1	-0.6694
WP	-0.0521	0.9465	0.3254	-0.6694	1

据此提出应用距离分析来筛选风电功率短期预测中采用的输入变量，针对预测对象时间序列，剔除与其相关程度较低的序列，保留与其相关程度较高的序列。为验证方法的有效性，将风电场的4组气象数据序列与风电功率序列组成多变量时间序列，利用多个序列共同预测风电场发电功率。

6.2.3　风电场发电功率超短期预测模型设计

1. 数据归一化

当使用多变量时间序列进行风电功率预测时，不同变量之间量纲不同，数值差别也很大。考虑到模型中非线性激活函数的输入输出范围，为避免神经元饱和，同时也为平等地考虑每一种变量对风电功率的作用，需要对变量和风电功率时间序列进行归一化处理。

对风速、温度、大气密度和风电功率采用全年统计的极限值进行归一化，将其数值归算到区间[1,1]内：

$$x' = \frac{x - (x_{\max} + x_{\min})/2}{(x_{\max} - x_{\min})/2} \qquad (6\text{-}18)$$

式中，$x_{\max}$ 和 $x_{\min}$ 分别为变量 x 的极大值和极小值。

特别地，针对风向，考虑其物理意义，使用正弦函数对其进行归算，反映出风速在某一特定方向上的投影系数。

$$x' = \sin x \qquad (6\text{-}19)$$

经过预测模型得到的风电功率预测数据，再进行反归一化处理使其具有物理意义，反归一化的计算公式为

$$x = 0.5[x'(x_{\max} - x_{\min}) + (x_{\max} + x_{\min})] \qquad (6\text{-}20)$$

2. LSTM 网络预测模型参数

建立用于风电功率超短期预测的 LSTM 网络主要需要确定模型的 5 个参数，即输入层时间步数、输入层维数、隐含层数目、每个隐含层的维数以及输出变量维数。

输入层时间步数等于用来进行风电功率预测的变量时间序列的长度。该参数的确定既要考虑预测知识的完备性，又要考虑模型训练的有效性。一方面，过短的历史序列长度将带来预测知识的缺失，从而限制预测精度的提高；另一方面，历史序列长度过长将增加模型训练难度，恶化模型预测性能。本书通过试探将该参数设置为 10，即输入前 10 个时刻的历史数据用于预测。输入层维数即变量数，单变量时，输入层维数为 1。隐含层数目即 LSTM 网络层的个数，随着隐含层的增多，在训练样本充足的情况下，模型的非线性拟合能力随之上升，但同时，其模型的复杂程度及训练的计算和时间成本也将增加。针对风电功率预测，本书仅考虑单 LSTM 网络层的预测模型，因此该参数设为 1。经过多次试探，将隐含层的维数设为 10 可以得到较好的预测效果。由于本预测任务是根据历史信息预测下一步的风电出力，因此输出变量维数设为 1。

3. 预测效果评估

由于风电功率存在零值，风速预测中常用的平均绝对百分比误差（mean absolute percentage error，MAPE）将失去意义，因此本书采用 RMSE 对预测结果进行评价，$\varepsilon_{\text{RMSE}}$ 体现了模型控制绝对误差的性能，计算公式为

$$\varepsilon_{\text{RMSE}} = \sqrt{\frac{1}{n} \sum_{i=1}^{n} [\hat{P}(i) - P(i)]^2} \qquad (6\text{-}21)$$

式中，$P(i)$ 和 $\hat{P}(i)$ 分别为风电功率的实际值和预测值；n 为预测验证数据个数；i 为预测点序列编号。

6.2.4　算例分析

1. 数据说明和试验设计

本节采用的样本数据为 NREL 提供的加利福尼亚州某风电场 2012 年第二季度 3 个月份的实测数据，该风电场装机容量为 64MW，获取的数据包括风向、风速、温度、大气密度以及风电功率等 5 种不同的时间序列数据，采样时间间隔为 10min，共计 13104 个时间断面数据。

本节中，采用 sigmoid 函数作为 LSTM 网络的激活函数。为检验和说明 LSTM 网络的预测性能，本书采用人工神经网络(artificial neural network，ANN)和支持向量机(support vector machine，SVM)两种经典的人工智能算法与之进行对比。ANN 采用单隐含层的前馈神经网络结构，并使用 BP 算法进行训练。SVM 采用高斯核作为核函数，将多维变量的回归问题映射至高维空间进行处理。上述两种方法将动态时间序列的回归问题转化为静态空间建模问题，而 LSTM 网络则是直接对时间序列进行动态建模，虽然前两者也是探寻待预测风电功率与输入变量历史值之间的非线性关系，但其建模方式与 LSTM 网络有本质区别。

2. 预测性能分析

将 2012 年第二季度的 13104 个时间断面数据进行分割，前 9000 个数据用于训练，后 4104 个数据用于测试。首先针对 WP 进行单变量时间序列预测，分别使用本书提出的 LSTM 网络和 ANN、SVM 三种模型对风电功率时间序列进行 1～6 步，即 10min～1h 的超短期预测，并比较它们的预测效果。历史序列的长度设为 10，误差指标 ε_{RMSE} 如表 6-5 所示。由表 6-5 可知，本书提出的 LSTM 网络预测模型的 1～6 步预测误差 ε_{RMSE} 是三种模型中最低的，其 ε_{RMSE} 相比 ANN 和 SVM 分别平均降低了 29.48% 和 19.10%。随着预测步长的增加，三个模型的 ε_{RMSE} 上升，LSTM 网络较其他两种模型的预测优势有所下降，这是因为预测步长增加后，风电功率的状态可能发生很大变化，待预测的风电功率值与历史序列的依赖关系减弱。因此，LSTM 网络通过历史值递归所建立的时间序列的依赖关系精度将下降，故 LSTM 网络优势减弱。当预测时间在 60min 以内时，本书所提的 LSTM 网络在单变量预测中比 ANN 和 SVM 更加精确。

根据表 6-4 中的对几种变量和风电功率之间相关关系的分析结果，以 WP 为主体，与其他几种变量分别组成多变量时间序列，利用三种模型进行多变量时间序列预测。表 6-6 所示为不同变量组合后的 1～6 步风电功率预测误差。由表 6-6 可

表 6-5　1～6 步单变量预测的 ε_{RMSE}　　　　　　　　（单位：MW）

步长	LSTM 网络模型	ANN 模型	SVM 模型
1	1.025	2.521	2.103
2	1.670	3.036	2.546
3	2.322	3.217	2.942
4	2.978	3.773	3.256
5	3.432	4.429	3.897
6	4.003	4.905	4.328

表 6-6　1～6 步多变量预测的 ε_{RMSE}　　　　　　　　（单位：MW）

步长	模型	WP	WP&WS	WP&AD	WP&WD	WP&WS&AD
1	LSTM 网络	1.025	0.732	1.103	1.103	1.002
	ANN	2.521	2.717	2.742	2.911	2.783
	SVM	2.103	1.743	2.093	2.427	2.268
2	LSTM 网络	1.670	1.621	1.982	2.051	1.805
	ANN	3.036	3.127	3.528	3.326	3.479
	SVM	2.546	2.504	2.765	2.581	2.631
3	LSTM 网络	2.322	2.210	2.372	2.463	2.237
	ANN	3.217	3.631	3.740	3.704	3.852
	SVM	2.942	3.150	2.932	3.317	3.494
4	LSTM 网络	2.978	2.489	2.863	3.310	2.631
	ANN	3.773	3.952	4.097	4.527	4.327
	SVM	3.256	3.304	3.201	3.408	3.505
5	LSTM 网络	3.432	3.202	3.304	3.899	3.313
	ANN	4.429	4.344	4.533	4.953	4.593
	SVM	3.897	4.757	4.273	4.989	4.746
6	LSTM 网络	4.003	3.799	4.059	4.682	3.904
	ANN	4.905	5.231	5.213	5.515	5.201
	SVM	4.328	4.468	4.427	5.328	5.033

知，在 5 种不同的输入变量组合情况下，LSTM 网络模型在不同步长的预测任务中的 ε_{RMSE} 均比其余 2 种模型低。例如，当利用风电功率和风速组合变量(WP&WS)进行预测时，LSTM 网络模型的 1～6 步预测误差比 ANN 和 SVM 分别平均降低了 38.90%和 29.47%。总体而言，LSTM 网络模型预测误差最小，ANN 预测误差最大。

由不同的变量组合得到的预测结果可知，与目标变量(风电功率)相关程度较高的变量有助于提升 LSTM 网络模型的预测性能，反之，相关程度较低的变量可能会降低 LSTM 网络的预测性能。值得指出的是，每个风电场的地理环境各异，因此，各变量对模型的影响程度可能存在差异。在此风电场中，WS 与 WP 相关性最强，相关系数达到了 0.9465，利用两者的组合变量进行预测时，LSTM 网络的 1~6 步预测平均误差较单变量时降低了 9.0%，而 ANN 和 SVM 的预测性能基本没有改善，这说明，LSTM 网络挖掘了 WS 中的信息，为 WP 的预测提供了辅助信息。当利用 WP 与 AD 的组合变量时，LSTM 网络的 1~6 步平均预测误差较单变量时降低了 1.64%，而其余两种模型的预测误差反而出现了上升。这是因为 AD 与 WP 的相关系数为−0.6694，两者相关程度并不高，ANN 和 SVM 无法有效利用 AD 的信息进行 WP 的预测。当引入相关程度很低的变量进行预测时，可能会降低模型的预测精度。例如，使用 WP 与 WD 的组合变量时，3 种模型的 1~6 步平均预测误差较单变量时均上升了 13%以上，这是因为两者相关程度很低，新变量的加入不但没有带来预测所需的补充信息，反而引入了额外的干扰，增加了数据的复杂程度，恶化了模型的预测性能。当使用 WP、WS 和 AD 共同形成的组合变量时，LSTM 网络的预测误差较单变量时降低了 3%，较 ANN 和 SVM 的误差分别降低了 39% 和 31%。因此，当输入多变量时，LSTM 网络较 ANN 和 SVM 有明显优势。

6.3　高比例风电的多空间尺度短期功率预测

6.3.1　数值天气预报的误差模式分析

含高比例风电的能源系统在规划与运行时必然要考虑风况的时空关联特性，而不同位置处的 NWP 数据却无法体现此相关性[1]。从物理建模的角度来看，这是因为中尺度气象模型的网格分辨率是有限的，故在风电场建模中无法反映地形、尾流、粗糙度和障碍物等微尺度效应。

采用中国某风电基地多点位处的 NWP 数据与实际测风数据对 NWP 偏差模式进行说明。为研究 NWP 偏差的整体规律，首先将 NWP 风速和实测风速序列进行对比，如图 6-11 所示。图中绿色虚线为各机组点位处的实测风速曲线，绿色粗线为平均实测风速曲线，表示实测风速的整体变化趋势；棕色细实线为各机组点位处的 NWP 风速曲线；棕色粗实线为平均 NWP 风速曲线，表示 NWP 风速的整体变化趋势。其中，平均 NWP 风速曲线与平均实测风速曲线的变化趋势具有明显差异。与各机组点位处 NWP 风速序列相比，各机组点位处的实测风速序列波动性更大，相关性更低。NWP 风速数据缺少实测风速数据中的细节波动部分，且夸大了自然风间的实际相关性。中尺度气象模型的固有缺陷，如无法将复杂的地形和粗糙度等因素考虑在内，是导致这一现象的主要原因。因此，如何在 NWP 修正过程中捕获和消除各点位处的相关性至关重要。

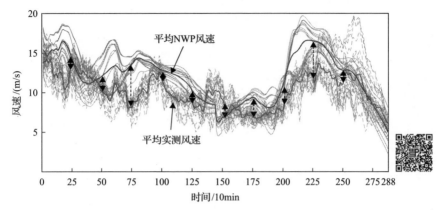

图 6-11 多点位处 NWP 风速与实测风速时间序列(彩图扫二维码)

随机选取 4 台机组分析在不同时刻下各机组点位处实测风速、风向间的对应关系,如图 6-12 所示。从图中可以看出,不同点位处实测风速与风向的相关性不同,如在第一种模式(模式 1)中,3#位置处的风向约为 270°,四个位置处的风速大小排序为 3#>2#≈4#>1#;在第二种模式(模式 2)中,3#位置处的风向约为 180°,四个位置处的风速大小排序为 1#≈2#≈3#≈4#;在第三种模式(模式 3)中,四个位置处的风速大小排序为 1#>2#>3#>4#。但在图 6-13 此 4 台机组点位处 NWP 风速、风向间的对应关系中却未体现此差异。

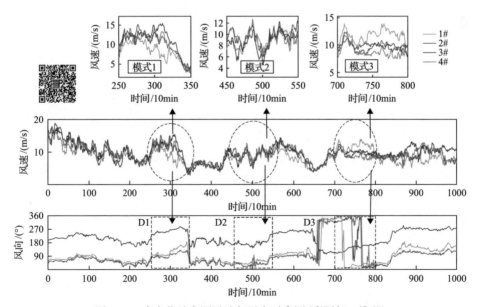

图 6-12 多点位处实测风速与风向时序图(彩图扫二维码)

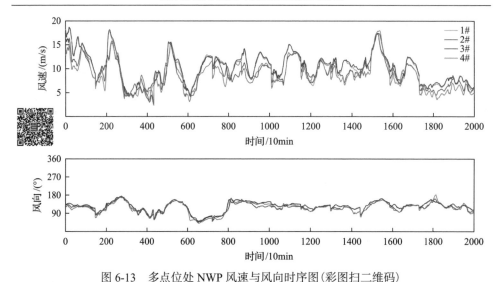

图 6-13　多点位处 NWP 风速与风向时序图（彩图扫二维码）

6.3.2　基于堆叠降噪自编码器的多点位数值天气预报修正

从 6.3.1 节中可以看出，NWP 误差是一种有规律可循的连续、复杂非线性误差，是流场内的微尺度因素如地形、粗糙度、尾流等引起的误差，可以通过回归算法建立 NWP 数据与实测风速数据的映射关系来减小该误差。本节首先对堆叠降噪自编码器(stack denoising autoencoder, SDAE)的原理进行介绍，然后基于该原理建立一个具有多输入与多输出映射特点的 NWP 修正模型。

SDAE 是深度学习算法中较为成熟的算法，其训练过程包括逐层训练与微调两个步骤。SDAE 首先引入无监督式的预训练过程，通过学习相关输入与输出变量间的对应关系进行逐层初始化。为提高模型的鲁棒性，在预训练过程中，引入一个惩罚项破坏部分原始多输入数据间的相关性。然后使用逐层训练过程中得到的多层映射网络权值初始化一个深度神经网络，并使用监督学习微调深度网络的参数。在逐层训练阶段与微调阶段都使用小批量随机梯度下降(mini-batch stochastic gradient descent, MSGD)来优化迭代网络权值参数，提高 NWP 误差的修正精度。

模型的输入向量是区域中各点位处的 NWP 数据，包括风速与风向的正弦、余弦数据；输出向量是相应点位处的测风数据。$y = f_\theta(x)$ 为编码函数，它是自编码器的确定性映射，可将输入向量(NWP 数据)与输出向量(测风数据)间的映射关系在隐含层表示。

$$y = f_\theta(x) = s(Wx + b), \ \theta = \{W, b\} \tag{6-22}$$

式中，$x \in [0,1]^d$ 为输入向量；$y \in [0,1]^{d'}$ 为输出向量；s 为激活函数；W 为 $d' \times d$ 的权重矩阵；b 为偏置向量。

在逐层训练编码器时，首先通过随机映射 $\tilde{x} \sim q_D(\tilde{x}\,|\,x)$ 破坏初始输入向量 x，得到部分污染的输入 $\tilde{x}$。然后，通过式(6-23)将经过污染的输入 $\tilde{x}$ 映射到隐含层，输出 y。通过降噪自动编码器(denoising autoencoder, DAE)将 y 重构为 d 维向量 $z \in [0,1]^d$，如式(6-24)所示。

$$y = f_{\theta}(\tilde{x}) = s(W\tilde{x} + b),\ \ \theta = \{W, b\} \tag{6-23}$$

$$z = g_{\theta'}(y) = s(W'y + b'),\ \ \theta' = \{W', b'\} \tag{6-24}$$

式中，$g_{\theta'}(y)$ 为映射函数；W' 为权重矩阵；b' 为偏移向量。

通过式(6-25)在设定的训练集上训练参数 θ 和 θ'，使经过重构和清洗的向量 z 尽可能接近未被污染过的输入向量 x。

$$\begin{aligned} \theta^*, \theta'^* &= \arg\min_{\theta, \theta'} \frac{1}{n} \sum_{i=1}^{n} L(x^{(i)}, z^{(i)}) \\ &= \arg\min_{\theta, \theta'} \frac{1}{n} \sum_{i=1}^{n} L\left[x^{(i)}, g_{\theta'}(f_{\theta}(x^{(i)})) \right] \end{aligned} \tag{6-25}$$

$$L(x,z) = -\sum_{k=1}^{d} \left[x_k \lg z_k + (1 - x_k)\lg(1 - z_k) \right] \tag{6-26}$$

式中，L 为重构交叉熵损失函数，式(6-26)是其表达式；i 和 n 分别为样本的编号和总数。

然后将经过学习的 DAE 堆叠在一起以初始化多层网络，得到 SDAE，其模型结构如图 6-14 所示。第一个 DAE 模块将各点位处的 NWP 风速、NWP 风速平方、NWP 风速立方和 NWP 风向作为输入向量，每个 DAE 模块将学习结果传递至下一个 DAE 模块，直至获得预训练每层网络中的初始参数。此种初始化方法可以有效避免因为随机初始化导致的局部最优。

为了提高逐层学习时降噪自动编码器的稀疏性，在优化函数中加入新的惩罚项。当隐含层神经元数量较大时，稀疏性可以防止积累学习特征。惩罚项采用一种用来测量两个分布之间差异的方法——相对熵表示，如式(6-27)所示。

$$\sum_{j=1}^{S_2} \mathrm{KL}(\rho \| \hat{\rho}_j) = \sum_{j=1}^{S_2} \rho \lg \frac{\rho}{\hat{\rho}_j} + (1 - \rho)\lg \frac{1 - \rho}{1 - \hat{\rho}_j} \tag{6-27}$$

$$\hat{\rho}_j = \frac{1}{n} \sum_{i=1}^{n} \left[a_j^{(\mathrm{h})}(x^{(i)}) \right] \tag{6-28}$$

式中，S_2 为隐含层数目；KL 为 KL(Kullback-Leible)散度，表示相对熵；$a_j^{(\mathrm{h})}$ 为给定输入 x 时隐含层神经元的激活参数；ρ 为稀疏性参数。

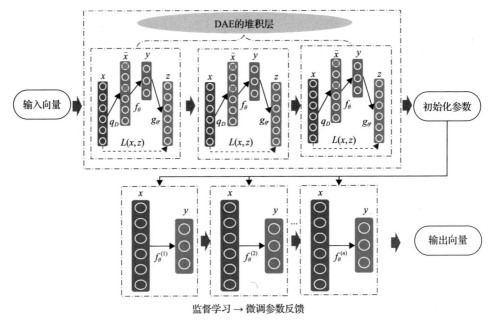

图 6-14　SDAE 模型结构(以 3 层为例)

因此，根据稀疏性限制，损失函数可表示为

$$L_{\mathrm{s}} = \frac{1}{n}\sum_{i=1}^{n}L\Big[x^{(i)}, g_{\theta'}(f_\theta(x^{(i)}))\Big] + \beta\sum_{j=1}^{S_2}\mathrm{KL}(\rho\|\hat\rho_j) \tag{6-29}$$

式中，β 为稀疏性限制惩罚项的权重。

优化函数可表示为

$$\arg\min_{\theta,\theta'}\left\{\frac{1}{n}\sum_{i=1}^{n}L\Big[x^{(i)}, g_{\theta'}(f_\theta(x^{(i)}))\Big] + \beta\sum_{j=1}^{S_2}\mathrm{KL}(\rho\|\hat\rho_j)\right\} \tag{6-30}$$

　　基于预训练网络初始化和 MSGD 进一步调整 SDAE 模型的参数，将各点位处的实测风数据作为训练的监督标签。大多现有 NWP 修正方法未将各点位处风况的相关性考虑在内，仅训练同一位置处 NWP 数据和该点位处实测风数据间的经验映射关系对其进行修正。所提出的 SDAE 方法与现有方法的区别在于，在微调过程中建立了多点位 NWP 数据和实测数据间的映射关系，考虑了不同点位处风况间的相关关系。

　　所提出的多对多 SDAE 方法结构及其在 NWP 修正中的应用如图 6-15 所示。

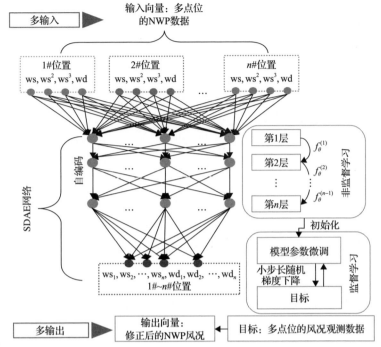

图 6-15　用于 NWP 修正的多对多 SDAE 网络结构

ws 为风速，wd 为风向

6.3.3　多空间尺度风电功率预测模型的建立

对区域内多个位置处的 NWP 数据进行修正有利于提高区域风电功率的预测精度。本节再次应用修正 NWP 风速时所采用的多对多 SDAE 映射网络来建立区域风电功率预测模型，为提高单个 SDAE 网络的鲁棒性，建立了多个具有不同输入特征和模型参数的 SDAE 网络，并将其集成到一个组合 SDAE 网络预测模型中。

1）基于单个 SDAE 网络的区域风电功率预测模型

所建立的单个 SDAE 网络的区域风电功率预测模型的网络结构、训练过程和优化算法与 6.3.2 节的 NWP 修正模型相同，意味着该 SDAE 网络也通过 MSGD 进行预训练和微调。

然而，两者的输入向量和输出向量有所不同。在风电功率预测时，SDAE 将修正后的 NWP 数据作为训练输入，将各个风电场的实际输出功率作为训练输出。与现有风电功率预测模型不同，此预测模型中引入了更多的输入变量，将风特征集引入，如风速、风速平方、风速立方、风矢量、风向正弦、风向余弦等，用于生成 SDAE 网络的输入向量。然后，将给定风电场或不同风电场组合的叠加输出功率作为监督学习的标签。这种方法考虑了同一区域中各位置处风电功率间的相关关系。

2) 基于风特征集的组合 SDAE 网络

考虑到 SDAE 网络的模型参数将在极大程度上影响最终的学习性能，将各种模型参数与输入特征量进行组合，得到组合 SDAE 方法，以提高模型的泛化能力，其结构如图 6-16 所示。相关的模型参数包括激活函数、网络层数和节点数，输入特征量包括风速、风矢量、风向、风向正弦和风向余弦等。

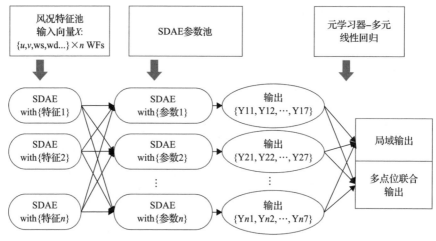

图 6-16　组合 SDAE 框架结构

将多元线性回归(multiple linear regression, MLR)作为元学习器对组合 SDAE 进行训练，其伪代码如下。

算法 6-1　组合 SDAE 算法

输入: 训练集

$D = \{(x_1, y_1), (x_2, y_2), \cdots, (x_m, y_m)\}$;

基本学习器: SDAE ($L_1, L_2, \cdots, L_T$)

元学习器: MLR (L)

流程:

1: **for** $t = 1, 2, \cdots, T$ **do**

2: 　　$h_t = L_t(D)$;

3: 　**end for**

4: $D' = \varnothing$;

5: **for** $i = 1, 2, \cdots, m$ **do**

6: 　　**for** $t = 1, 2, \cdots, T$ **do**

7:　　　　$z_{it} = h_t(x_i);$

8:　　**end for**

9:　　　$D' = D' \bigcup ((z_{i1}, z_{i2}, \cdots, z_{iT}), y_i);$

10: **end for**

11: $h' = L(D');$

Output:　$H(x) = h'(h_1(x), h_2(x), \cdots, h_T(x))$

6.3.4　算例分析

1. 数据、评估标准和参照方法

以两组数据集为例，对所提出的 NWP 数据修正与风电功率区域预测方法进行验证。

(1)第一组数据集以华北三个风电场为例，数据样本包括监控与数据采集系统(SCADA)收集的历史风功率数据与该地区 8 个测风塔的测风数据，以及相应位置处提前 72h 的 NWP 数据。数据时间分辨率为 10min，时间长度为 2014 年 1 月 1 日到 2014 年 12 月 31 日。

(2)第二组数据集来自 2012 年全球能源预测竞赛-风能预测部分，包括 7 个风电场提前 24h 的 NWP 数据以及各风电场的实际输出功率数据。时间分辨率为 1h，时间长度为 3 年。两组数据集均将每个月最后六天的数据作为模型测试样本，其余均为训练样本。

第二组数据集不提供实际天气测量数据，导致无法进行 NWP 数据的修正，且所收集到的中国风电场历史风功率数据受到限电的严重污染。因此，本节以第一组数据集为例，验证所提出的 NWP 数据修正方法；以第二组数据集为例，验证所提出的风电功率区域预测方法。

在对 NWP 数据进行修正时，选用神经网络(neural network, NN)和 SVM 作为基准方法；在进行风电功率区域预测时，选用三种主流预测算法和三种风电功率升尺度区域预测方法验证所提方法的性能，底层预测算法分别为 NN、SVM 和随机森林(random forest, RF)，风电功率升尺度区域预测方法分别为直接聚合(direct aggregation, DA)方法、代表性映射(representative mapping, RM)方法和统计升尺度(statistical upscaling, SU)方法。将基于传统的一对一映射网络所建立的 NN、SVM 和 RF 模型标记为 NN-1-1、SVM-1-1、RF-1-1，将所提出的多对多映射网络标记为 SDAE-m-m。

分别将 RMSE 和归一化均方根误差(normalized root mean square error, NRMSE)作为 NWP 风速修正与风电功率预测精度的评价标准，如式(6-31)和式(6-32)所示。

$$RMSE = \sqrt{\frac{\sum\limits_{i=1}^{N}(v_{c,i} - v_{a,i})^2}{N}} \qquad (6\text{-}31)$$

$$NRMSE = \sqrt{\frac{\sum\limits_{i=1}^{N}(p_{f,i} - p_{a,i})^2}{N \times p_{cap}}} \qquad (6\text{-}32)$$

式中，$v_{c,i}$ 和 $v_{a,i}$ 分别为修正后的 NWP 风速与实测风速；$p_{f,i}$ 和 $p_{a,i}$ 分别为预测功率与实测功率；i 为样本编号；N 为样本总数；p_{cap} 风电场总装机容量。

2. NWP 修正结果

分别采用所提出的 SDAE-m-m 方法与两个基准方法进行 NWP 数据修正，结果如图 6-17 所示。图中折线分别为各点位处 NWP 风速修正误差的平均值，柱状图所表示的是修正精度提高比例，其计算方法为 (SDAE–SVM)÷SDAE×100%（以相对于 SVM-1-1 方法的提高比例为例）。可以看出，除 1 月和 9 月提高比例较低外（低于 1.5%），SDAE-m-m 几乎在所有月份均具有较大优势。在本算例中，SDAE-m-m 对 NN-1-1 和 SVM-1-1 方法的平均提高比例分别为 15% 和 18%。

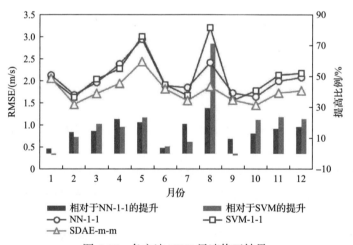

图 6-17　各方法 NWP 风速修正结果

在各个季节中随机选取四天，其原始 NWP 风速曲线、修正 NWP 风速曲线和实测风速曲线如图 6-18 所示。图 6-18 (a)～(c) 分别为 1 号风电场内 1 号点位、2 号风电场内 4 号点位及 3 号风电场内 7 号点位处的风速数据。从图中可以看出，原始 NWP 风速通常与当地实测风速相差较大，所采用的三种修正方法均可以在

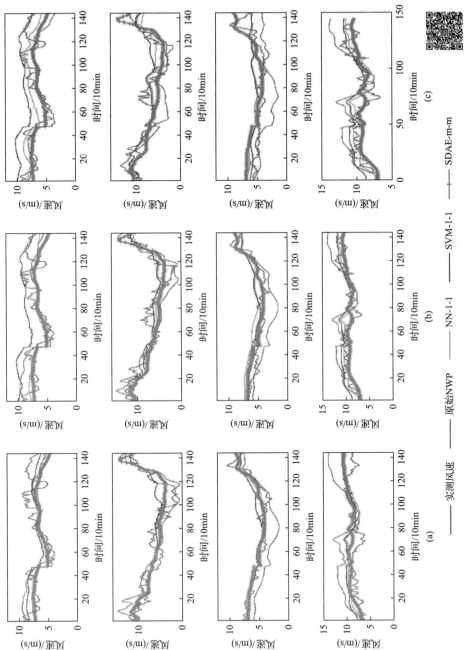

图6-18　各季节原始NWP风速、修正后的NWP风速与实测风速曲线（彩图扫二维码）

不同程度上降低 NWP 风速的预报误差，但在风速高频率波动的细节部分，修正后得到的曲线仍然难以与实测风速曲线保持一致。这是因为 NWP 数据是由宏观气象模型通过降尺度得到的，其在细节波动性方面表现较弱。具体表现在，与实测风速相比，修正后的 NWP 风速波动性较小，且其波动趋势与原始 NWP 风速一致。然而，与其他修正方法相比，SDAE-m-m 方法能更精确地跟踪实测风速的时间序列。

　　SDAE 所具有的多对多映射的特点为区域风电功率预测提供了有利条件。这是因为 SDAE 可在训练过程中将多个站点间的相关性考虑在内，并通过集成模型进行区域预测。8 个风电场间实测风速、原始 NWP 风速、修正后（包括 NN 修正与 SDAE 修正）NWP 风速间的相关系数如图 6-19 所示。每个符号代表一个特定风电场（x 轴所显示数字）与其他 7 个风电场间的相关性。例如，蓝色菱形表示 1 号风电场，红色正方形表示 2 号风电场，绿色三角形表示 3 号风电场。图 6-19 显示，SDAE-m-m 能够修正原始 NWP 风速与实测风速间的相关关系。与图 6-19(a) 中 8 个风电场间实测风速的相关性相比，图 6-19(b) 中 8 个风电场间原始 NWP 风速间的相关性更强。无论使用何种修正方法，8 个风电场间修正后的 NWP 风速［图 6-19(c) 与 (d)］均具有更接近实际的相关系数，而基于 SDAE 的修正方法可产生比 NN 修正方法更稀疏、更准确的相关系数。

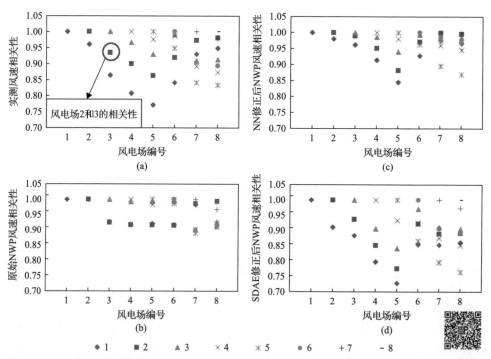

图 6-19　8 个风电场间实测风速、原始 NWP 风速与修正后 NWP 风速的相关性（彩图扫二维码）

3. 风电功率区域预测结果

首先采用所提出的 SDAE 多对多映射对各风电场输出功率进行预测，并分别基于 NN、SVM 与 RF 方法建立 7 种传统一对一映射模型作为基准预测方法，以各风电场的 NWP 数据作为模型输入，各风电场的输出功率作为模型输出，预测结果如表 6-7 所示。从表中可以看出，与三种基准方法相比，SDAE 方法几乎在所有风电场中均占有优势。使用集成 SDAE(E-SDAE)方法进行区域预测时，各风电场预测误差的概率密度函数(PDF)曲线如图 6-20 所示。可以看出，各风电场的预测误差在零附近出现的概率很大，表明小预测误差的比例很高。7 个风电场中，4 号风电场、6 号风电场和 7 号风电场的 NRMSE 较小，预测误差具有更为集中的 PDF 曲线形状，而 5 号风电场和 3 号风电场 NRMSE 较大，预测误差的 PDF 曲线形状相对较为分散。

表 6-7　7 个风电场在各方法下的 NRMSE

模型	1	2	3	4	5	6	7
SDAE-m-m	0.155	0.155	0.164	0.147	0.170	0.140	0.149
NN-1-1	0.186	0.167	0.183	0.165	0.178	0.160	0.155
SVM-1-1	0.181	0.167	0.184	0.166	0.168	0.158	0.157
RF-1-1	0.192	0.174	0.192	0.175	0.175	0.166	0.164

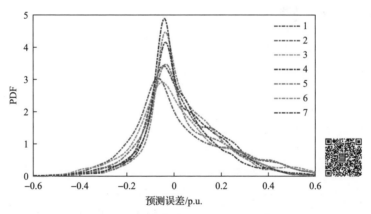

图 6-20　采用 E-SDAE 方法时各风电场预测误差的概率密度函数曲线(彩图扫二维码)

这也说明多对多映射网络可捕获各种输入-输出对之间的相关关系，相关性越高越有助于提高预测性能。图 6-21 中 4 号风电场、6 号风电场、7 号风电场与其他风电场的平均相关系数均大于 70%，而 2 号风电场、5 号风电场与其他风电场的平均相关系数仅为 44% 与 51%，其 NRMSE 较大。

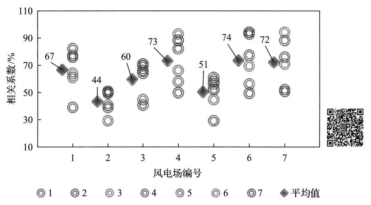

图 6-21　7 个风电场间实际输出功率的相关性(彩图扫二维码)

为验证所提区域风电功率预测方法的优越性,分别使用 DA、RM 与 SU 方法对各风电场的预测结果进行升尺度处理,以得到区域风电功率预测结果。使用 DA 方法时,将各风电场的预测结果直接相加得到区域风电功率预测结果;使用 RM 方法时,由于 6 号风电场具有最佳预测结果,故将 6 号风电场选为代表风电场,通过建立 6 号风电场的 NWP 数据与整个区域输出功率间的映射模型,得到区域风电功率预测的结果;各风电场输出功率与整个区域输出功率间的相关系数分别为 0.84(1 号风电场)、0.61(2 号风电场)、0.79(3 号风电场)、0.93(4 号风电场)、0.66(5 号风电场)、0.92(6 号风电场)和 0.92(7 号风电场)。因此,为提升区域风电功率预测的准确性,在 SU 方法中,将 4 号风电场、6 号风电场和 7 号风电场作为基准风电场,将此三个风电场的预测功率按一定权重相加得到区域预测结果。所用权重通过三个风电场输出功率与整个区域输出功率间的相关性得到。四种区域风电功率预测方法结果如图 6-22、图 6-23 所示。基于 SDAE 与 E-SDAE 方

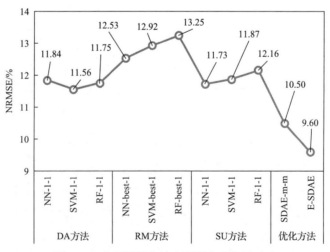

图 6-22　各区域风电功率预测方法结果对比

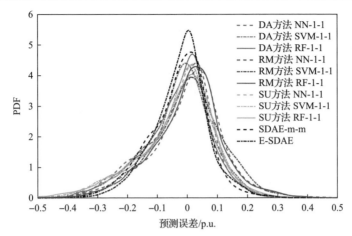

图 6-23　各区域风电功率预测方法误差分布图

法的区域风电功率预测结果较好，其归一化均方根误差分别为 10.50% 与 9.60%，此结果验证了多对多映射网络的有效性。此外，在此算例中，DA 方法与 SU 方法所得到的区域风电功率预测结果十分接近，RM 方法的预测结果最差。这可能是由于代表风电场选取得不够科学，同时这也支持风电场的选取可能会给区域预测带来额外的不确定性这一观点。与其他方法相比，预测结果最好的 E-SDAE 方法在此算例中的预测精度平均提高了 27%。

6.4　基于风电场群汇聚演变趋势的场群持续功率特性预测方法

6.4.1　风电场群汇聚演变规律分析

1. 风电场群的构成

大规模风电基地规模逐年扩大，然而在规划风电基地外送通道或输电网扩展规划时，需要掌握规划目标年的风电场群总体功率特性。规划目标年风电场群由现已建成的在役风电场和待建的风电场构成，如图 6-24 所示。在役风电场已有运行数据，而待建风电场尚未投运，无实测运行数据。N 个风电场构成的风电场群的总体出力标幺值计算如下：

$$P_{\Sigma}^{*}(t) = \frac{P_1(t) + P_2(t) + \cdots + P_N(t)}{\sum\limits_{i=1}^{N} S_i} \tag{6-33}$$

式中，$P_i(t)$ 为第 i 个风电场的输出功率；S_i 为第 i 个风电场的装机容量。

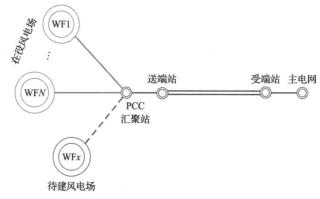

图 6-24　规划目标年风电场群构成示意图

2. 风电场群功率汇聚特性分析

风速的不断变化使得风电场输出功率在 0 与装机容量 Pr 之间随机波动，即 $0<P_i(t)<Pr$。由多个风电场组成风电场群时，其总体功率波动特性与单场功率波动特性差异明显，究其原因是不同位置风电场输出功率时序特性不同，即峰值功率、各功率区间发生时刻不同。以某省西部风电基地中 4 个装机容量为 99MW 的风电场作为分析对象，各风电场及其所构成的场群的功率时间序列如图 6-25 所示。

首先，分析风电场及场群输出功率最大值发生时刻。由图 6-26 可知，A、B、C、D 四个风电场出力最大值发生在不同时刻，利用式(6-33)进行各风电场出力时序累加，得到场群的最大出力标幺值发生在 3788h，为 0.79p.u.，与 4 个单场最大

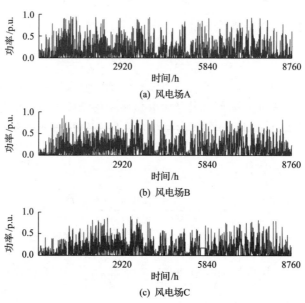

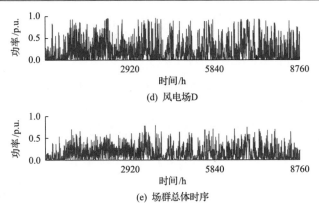

(d) 风电场D

(e) 场群总体时序

图 6-25　风电场与场群时序功率曲线

值发生时刻均不相同且小于各风电场出力最大值，如图 6-26 所示。

其次，分析各风电场及场群输出功率大于装机容量的 70% 的发生时刻与频次，如图 6-27 所示。4 个风电场输出功率大于装机容量的 70% 的小时数均较少，且时刻相互错开，时序累加时功率波动相互抵消，致使场群出力大于总装机容量的 70% 的小时数大幅减小，仅为 9h。

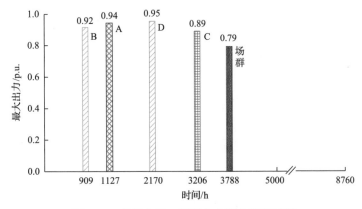

图 6-26　各风电场、场群出力最大值及时刻

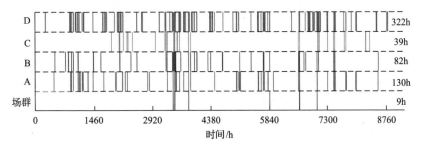

图 6-27　风电场及场群输出功率大于装机容量的 70% 的时刻

最后，分析各风电场及场群输出功率为 0 的发生时刻与频次。从图 6-28 可以看出，单场输出功率为 0 的小时数较多，汇聚成场群后总体出力为 0 的小时数大幅减少。

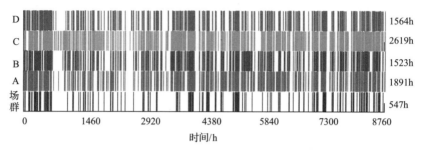

图 6-28　风电场及场群输出功率为 0 的时刻

由上述实例分析可见，场群功率波动特性较各单场有波动幅度降低和波动持续时间加长的特点。

采用持续出力曲线可以更清晰地反映场群功率的变化特点，如图 6-29 所示。

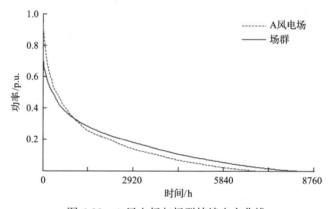

图 6-29　A 风电场与场群持续出力曲线

对风电场群功率波动特性的分析表明，随着场群规模的扩大，各风电场时序功率相互抵消（平滑）的事件会增加，从而导致场群最大功率标幺值的递减和持续出力时间的延长，这称为汇聚效应。

准确把握风电场群功率汇聚效应机理，为未来风电场群功率特性预测奠定了理论基础。

6.4.2　规划目标年风电场群持续特性预测模型的建立

1. 预测原理

规划目标年风电场群是在既有风电场的基础上渐进发展而成的。依据风电场群汇聚效应机理，以在役风电场历史风电功率数据为基础，模拟风电场群逐级汇聚过程，分析风电场群汇聚过程中不同阶段风电场群风电功率的演变特性，进而把握风电场群风电功率汇聚变化趋势，构建风电场群持续功率汇聚演变模型，结合待建风电场装机容量信息，即可预测规划目标年风电场群总体持续功率特性，预测原理如图 6-30 所示。在 2050 年远景规划中，欧洲、美国和中国分别提出 100%、80%、60%的高比例可再生能源电力系统蓝图，届时中国风电和光伏的装机容量将提高到 23.96 亿 kW 和 26.96 亿 kW，发电量占比分别达到 35.2%和 28.35%，如果考虑水电等可再生能源，总发电量占比将高达 85.8%。

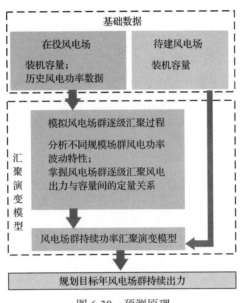

图 6-30　预测原理

2. 风电场群持续功率汇聚演变模型

由风电场群汇聚特性分析可知，随着风电场群容量规模的扩大，风电场群总体输出功率标幺值在高功率断面呈下降趋势，但在低功率断面呈上升趋势，如图 6-31 所示。利用在役风电场模拟风电场群汇聚演变过程，构建风电场群汇聚过程中不同时间断面的风电功率-装机容量关联关系，如式(6-34)所示。

$$P_{\mathrm{dur},n\Sigma}(t_k, S_{n\Sigma}) = a_{tk} \times S_{n\Sigma} + b_{tk} \tag{6-34}$$

式中，a_{tk}、b_{tk} 为 t_k 时点风电功率-装机容量关系的拟合参数，$t_k = 1,2,\cdots,8760$；$P_{\mathrm{dur},n\Sigma}(t_k, S_{n\Sigma})$ 为装机容量为 $S_{n\Sigma}$ 的风电场群在 t_k 时点的风电功率值。

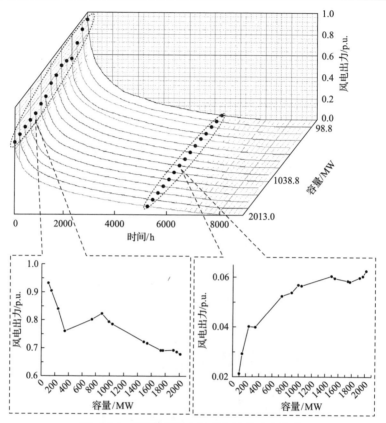

图 6-31　不同规模风电场群年持续功率曲线

依据最小二乘参数估计，拟合参数 a_{tk}、b_{tk} 的求解公式为

$$a_{tk} = \frac{\sum\limits_{i=1}^{n} S_{i\Sigma} \cdot P_{\mathrm{dur},i\Sigma} - \sum\limits_{i=1}^{n} S_i \sum P_{\mathrm{dur},i\Sigma} / n}{\sum S_{i\Sigma}^2 - (\sum S_{i\Sigma})^2 / n} \tag{6-35}$$

$$b_{tk} = \overline{P}_{\mathrm{dur},i\Sigma} - a_{tk} \overline{S}_{i\Sigma} \tag{6-36}$$

式中，顶标 "–" 表示平均值。

利用风电场群汇聚过程中不同时间断面的功率-容量关系，获得不同时间断面的预测模型，将已知的规划目标年风电场群总装机容量代入，即可利用该模型实现规划目标年风电场群持续出力的预测。

3. 误差评价指标

1）等效满发年利用小时数 T

对于任一地区来说，虽然其风能密度时刻变化，但其历年的风能总资源情况基本相似，那么其等效满发年利用小时数基本接近，本书将其作为预测结果的评价指标。

$$T = W_{\text{wind}} / S_{\text{wind}} \tag{6-37}$$

式中，T 为等效满发年利用小时数；W_{wind} 为风电场群年发电量；S_{wind} 为风电场群额定装机容量。

2）风电场群输出功率最大值偏差

规划目标年风电场群出力最大值是确定输电系统规划容量的重要依据，预测偏差评价指标如下。

绝对误差：

$$\text{TE} = P'_{\text{max}} - P_{\text{max}} \tag{6-38}$$

式中，P'_{max} 为预测值；P_{max} 为实测值。

相对误差：

$$\text{RE} = (P'_{\text{max}} - P_{\text{max}}) / P_{\text{max}} \tag{6-39}$$

3）风电场群输出功率为 0 的持续时间偏差

风电场群汇聚效应的一个方面是随着规模增大，0 功率的持续时间减少。

$$\text{TE} = T'_0 - T_0 \tag{6-40}$$

式中，T'_0 为预测持续出力中 0 值的持续时间；T_0 为实际持续出力中 0 值的持续时间。

6.4.3　算例分析

1. 算例 1

以东北某省西部风电基地为例，截止到 2012 年底，该地区已经投运的 15 个风电场的位置分布及各自的装机容量见图 6-32，总装机容量为 2049.1MW。

使用上述风电场群输出功率实测数据，以该地区前 10 个风电场（总装机容量为 1539.2MW）为建模域，F1 为初始风电场，模拟风电场群汇聚过程，依次累加得到不同规模场群持续出力曲线，如图 6-33 所示。

建立每个时间断面的预测模型，并预测由 15 个风电场构成的风电场群（2049.1MW）的持续功率曲线，预测得到的持续功率曲线及其实际持续功率曲线如图 6-34（a）所示。为验证预测结果的精度，用预测曲线对实测曲线做差，得到预测误差曲线，如图 6-34（b）所示。

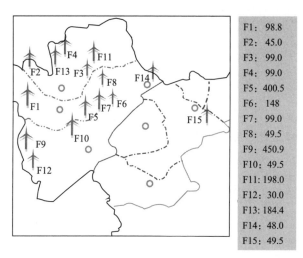

F1:	98.8
F2:	45.0
F3:	99.0
F4:	99.0
F5:	400.5
F6:	148
F7:	99.0
F8:	49.5
F9:	450.9
F10:	49.5
F11:	198.0
F12:	30.0
F13:	184.4
F14:	48.0
F15:	49.5

图 6-32　2012 年东北某省西部风电场地理位置(单位：MW)

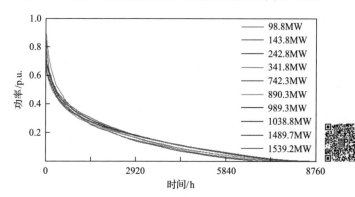

图 6-33　不同规模风电场群持续功率曲线(彩图扫二维码)

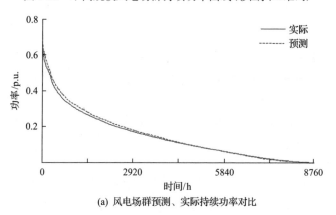

(a) 风电场群预测、实际持续功率对比

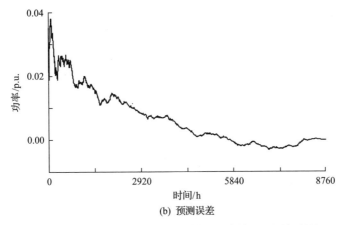

(b) 预测误差

图 6-34　东北某省西部风电场群持续功率特性预测与误差

1) 误差分析

从图 6-34(b) 可以直观地发现,基于所提出的风电功率汇聚演变模型得到的风电场群持续输出功率曲线持续时间 5474h 内的风电场群输出功率大于实测输出功率(误差曲线纵坐标大于零), 其最大误差为 0.038p.u.; 持续时间>5474h 的风电场群输出功率偏小, 最大误差为 0.004p.u.。

2) 等效满发年利用小时数分析

东北某省西部风电场群的实际等效满发年利用小时数为 1267h, 而基于演变模型得到的该地区风电场群等效满发年利用小时数为 1323h, 二者相差 56h, 误差率为 4.4%。

3) 风电场群输出功率最大值偏差

预测出力最大值为 0.7131p.u., 实际出力最大值为 0.6783p.u.。绝对误差为 0.0348p.u., 相对误差为 5.13%。

4) 风电场群输出功率为 0 的持续时间偏差

预测出力为 0 的持续时间为 181h, 实际出力为 0 的持续时间为 156h, 相差 25h。

2. 算例 2

为说明本书所提方法在不同风资源情况下的适应性, 使用西北某地区风电基地数据进行预测模型检验。截至 2013 年底, 该地区在役风电场 18 个, 装机容量为 1658MW。以该地区 15 个风电场(装机 1237MW)为建模域, 其余风电场为预测域, 预测该地区 18 个风电场构成的风电场群的总体持续功率特性, 如图 6-35 所示。

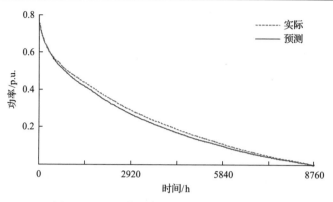

图 6-35　西北某地区风电场群持续出力预测

1) 等效满发年利用小时数分析

西北某地区风电场群的实际等效满发年利用小时数为 1923h，而基于演变模型得到的该地区风电场群等效满发年利用小时数为 2044h，二者相差 121h，误差率为 6.3%。

2) 风电场群输出功率最大值偏差

预测出力最大值为 0.7132p.u.，实际出力最大值为 0.7992p.u.。绝对误差：−0.086p.u.，相对误差：−10.8%。

3) 风电场群输出功率为 0 的持续时间偏差

预测出力为 0 的持续时间为 141h，实际出力为 0 的持续时间为 51h，相差 90h。

以上两个算例表明所提出的风电场群持续功率特性预测方法具有良好的普适性，预测精度较高，能够满足大规模风电集中接入的输电网扩展规划精度需求，即本书提出的风电场群出力汇聚演变模型是有效的。

参 考 文 献

[1] Bengio Y, Simard P, Frasconi P. Learning long-term dependencies with gradient descent is difficult[J]. IEEE Transactions on Neural Networks, 1994, 5(2): 157-166.

[2] Chang F, Chang C, Huang H, et al. Real-time recurrent learning network for stream-flow forecasting[J]. Hydrological Processes, 2002, 16(13): 2577-2588.

[3] 康重庆, 夏清, 刘梅. 电力系统负荷预测[M]. 北京: 中国电力出版社, 2007.

第7章　面向多空间尺度的未来电力负荷预测理论与方法

7.1　面向海量用户用电数据的集成负荷预测

7.1.1　居民用户用电负荷曲线及特性分析

针对居民用户用电负荷曲线走势与形状的相关特性，在进行负荷预测之前，应当对负荷曲线自身在日、周、月、年等时间尺度上的周期性和规律性进行分析，本书以爱尔兰地区 5237 名居民用户 2009 年 1 月～2010 年 5 月的实际用电数据为例[1]，对用户的用电行为特征进行探究。

居民用户的负荷使用习惯具有明显的随机性，图 7-1 所示为四个用户在同一日的负荷采样值，可以看出每个用户的负荷使用习惯具有较大差异，这种差异不但体现在负荷消费量大小上，也体现在负荷峰谷值对应的采样时刻点上。智能电表采集到的负荷数据能反映用户的用电习惯等诸多信息，例如，图 7-1 中所示的用户 1、2 和 4 的当日负荷峰值出现在白天 8 点至 12 点，而用户 3 的当日负荷峰值则出现在凌晨，除此以外，用户 2 的负荷峰值约为用户 1、4 的两倍，但在其他大部分采样时刻负荷消费量接近于 0。

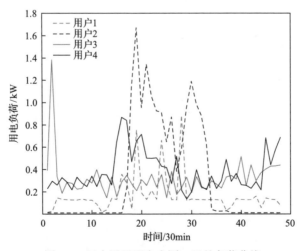

图 7-1　四个居民用户在同一日的负荷曲线

　　居民用户负荷在以一周为周期的时间尺度上也呈现出明显的规律性波动，这是工作日与非工作日的交替导致的。考虑单一用户用电的主观性影响，仅从图 7-2 (a)中难以分析出两种日类型的差异，结合用户负荷汇总后得到的周负荷曲线图 7-2(b)，可以看出工作日负荷与非工作日负荷在曲线形状和大小上均有明显的区别，非工作日的峰值和谷值负荷均低于工作日的对应的峰值和谷值负荷，因此在建立预测模型输入向量集时有必要将两种日类型进行赋值区分[2]。

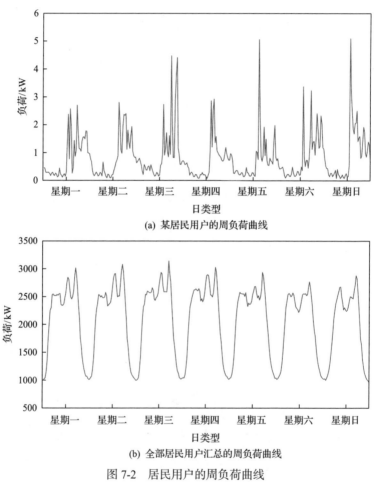

(a) 某居民用户的周负荷曲线

(b) 全部居民用户汇总的周负荷曲线

图 7-2　居民用户的周负荷曲线

　　图 7-3 所示为全部居民用户汇总负荷在 2009 年的年负荷曲线，相较于较低时间尺度下的负荷曲线而言，年负荷曲线呈现出随温度变化的明显走势，年负荷峰值出现在 5～6 月，对应数据采样地的夏季气候；年负荷谷值出现在 1 月或 12 月，对应数据采样地的冬季气候，在一年内的其他时间段也呈现出和温度变化的正相关性。

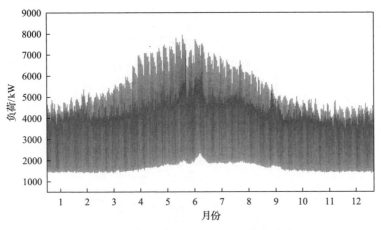

图 7-3　全部居民用户汇总的年负荷曲线

综合上述对比分析不难发现，由于每个家庭都有不同的设备、不同的日程安排和使用偏好，负荷在使用量和使用时间上的不同与生活习惯、天气和其他不可控因素有很大的关系，具有鲜明的随机性，因此，单一用户的负荷曲线难以体现出明显的规律性，其变化趋势是难以掌握的，在负荷预测过程中，过度强调单一用户用电负荷的"个性化"往往不能取得理想的结果，反之，居民用电负荷的总量在时间轴上呈现出良好的周期性与规律性趋势。如何发挥智能电表在单一居民用户层面带来的数据优势，并将其与负荷本身客观存在的规律性相结合，将是本章预测研究的重点，由本节的分析可以推断出，通过对居民用户负荷数据的深层次挖掘，提取日负荷曲线中负荷用量、峰谷值出现时刻等关键特征，将相似的用户聚为一类，对同类用户的负荷进行汇总，对于日前负荷预测性能会有很大的提升。

7.1.2　基于聚类算法的集成预测策略

在 7.1.1 节对居民用户用电负荷曲线的分析中已经可以看出，聚类算法对于居民用电负荷预测具备相当的可行性，然而，目前针对同一区域内居民用户的短期负荷预测通常采用总量负荷预测的方式，如何结合智能电表在居民用户侧广泛接入的趋势，充分挖掘数据潜力，改善负荷预测效果成为亟待解决的问题。为此，本书首先定义两种极端的预测策略：①将同一区域内的所有居民用户的负荷汇总，对总量负荷进行预测；②对同一区域内每一个居民用户的负荷进行单独预测，再将预测得到的结果汇总。策略①虽然在实际应用中较为普遍，但难以发挥出智能电表带来的数据优势；而策略②虽然采用的用户粒度最细，但受到用户用电行为的随机性影响，在实际预测过程中不可避免地会出现过拟合问题，无法得到理想的预测效果。

本书所提出的基于聚类算法的预测策略如图 7-4 所示。对于同一区域内的 N

个用电用户，用户 n 的负荷数据可表示为 $l_n = \{l_n^1, l_n^2, \cdots, l_n^T\}, n \in \{1, 2, \cdots, N\}$，其中 T 表示负荷数据的时间长度。首先，进行聚类分析，将 N 个用电用户分为 K 个用户类 $C = \{C_1, C_2, \cdots, C_K\}$，每一类包含若干个用户，并得到每个用户类的负荷数据总量：

$$x_k = \sum_{n \in C_k} l_n, \quad k \in \{1, 2, 3, \cdots, K\}, n \in \{1, 2, 3, \cdots, N\} \tag{7-1}$$

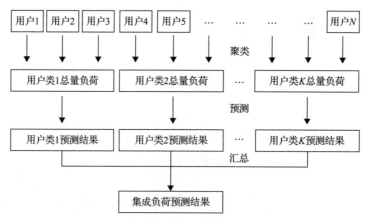

图 7-4　基于聚类算法的预测策略示意图

其次，以每一个用户类的负荷数据和时段信息作为输入向量 X_k 建立预测模型，得到 K 个用户类的负荷预测结果 $y_k = f_k(X_k)$，$k \in \{1, 2, 3, \cdots, K\}$，最后对不同用户类同时间标签的预测结果进行汇总，则该区域内总负荷预测结果可表示为

$$L = \sum_{k=1}^{K} y_k \tag{7-2}$$

在上述所示的用户聚类预测策略中，最核心的是利用聚类分析的方法，实现用户的最佳分类。本书通过不同聚类数下的预测结果获取最优权重组合，结合目前主流的聚类算法和预测算法，以聚类数和各类用户负荷占比的权重为切入点，探讨该策略对于预测精度的提升效果。

根据居民用电数据的特点，设计出基于聚类算法的负荷预测模型。预测流程共分为数据集划分、异常数据剔除、负荷数据特征提取、用户聚类、建模预测和基于线性规划的最优中和六个部分。

1. 数据集划分

本书所采用的数据集包含了爱尔兰地区 5237 名用户在 2009 年 1 月～2010 年 6 月共计 525 天的负荷数据，负荷采样间隔为 30min，从时间尺度上来看共计

25200 个采样时刻。为了充分验证本章方法的有效性，首先对原始数据集进行分类，分为训练集、验证集和测试集三类，分别表示为 L_{tr}、L_{en} 和 L_{te}，这三部分数据分别用来进行模型训练、获取最优权重，以及对预测结果进行测试。三种数据集对应的处理流程如图 7-5 所示。

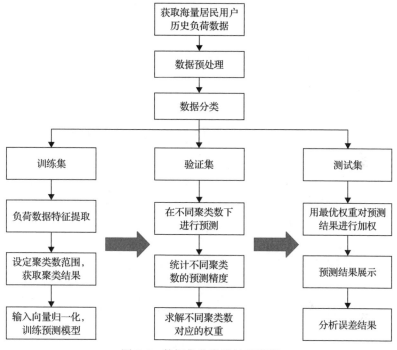

图 7-5　数据集分类及处理流程

2. 异常数据剔除

在智能电表获取负荷数据的过程中，一方面，供电异常、设备损坏等因素的影响会导致数据采集存在缺失或错误；另一方面，用户本身的使用异常，如假期、空房闲置等现象，也会对负荷预测的效果产生一定负面影响。

本书所采用的原始数据集的数据规模为 5237×25200，其中 5237 代表居民用户的个数，25200 代表负荷采样点的个数。本节对异常数据的选取采用剔除和修正两种方法相结合，若用户数据中出现下列情况，则该用户的所有负荷数据将从数据集中移除：负荷值为负数或大于 10kW，可以认为在该用户的数据信息采集过程中出现了异常，相应的用户负荷将被剔除；数据集中出现空值的个数超过 48 个的用户(节假日除外)的负荷数据将被剔除；对于某日的负荷数据，若数据中不相同的负荷值个数小于 10 个，则该用户负荷数据将被剔除。

对上述数据进行剔除后，若仍有数据中出现 0 值，且前一采样时刻和后一采样时刻负荷均不为 0 的情况，则对异常数据按照线性插值法进行修复[3]：

$$l_t = \frac{l_{t-1} + l_{t+1}}{2} \tag{7-3}$$

式中，l_t、l_{t-1} 和 l_{t+1} 分别为待修正负荷以及前一采样时刻、后一采样时刻的负荷值。

经过异常数据剔除和替换后，最终得到的负荷数据共包含 3175 名居民用户。

3. 负荷数据特征提取

日负荷曲线的特征提取可以将曲线中的关键因素从繁杂的数据中剥离出来，降低数据维度，使后续的计算过程变得高效。本书采用的数据集规模为 25200×3175 的矩阵，该样本数据容量对于负荷的聚类和预测来说都过于冗杂。在对用户的负荷时间序列进行聚类之前，应对负荷数据进行特征提取以减小数据容量。本书采用 V 形负荷特征提取方法获取用户的日负荷特征，以用户某一天的日负荷曲线为例，当采样时间间隔为 30min 时，该日负荷曲线包含了 48 个负荷值信息和 48 个采样时刻值信息，而通过 V 形负荷特征提取方法可将当日的数据维度缩减为 6，即 2 个负荷峰值、1 个负荷谷值以及其对应的采样时刻值，如图 7-6 所示。

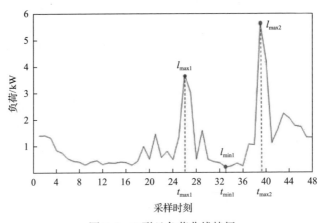

图 7-6　V 形日负荷曲线特征

在图 7-6 中，l_{max1} 和 t_{max1} 是当日 14 点之前的负荷峰值以及其对应的采样时刻点（日间高峰），l_{max2} 和 t_{max2} 是当日 14 点以后的负荷峰值以及其对应的采样时刻点（夜间高峰），l_{min1} 和 t_{min1} 是 t_{max1} 和 t_{max2} 之间的负荷谷值以及所对应的采样时刻点。上述特征提取的方法同时包含了用户负荷值和时间两种层面的信息，对于不同用户的用电习惯、负荷曲线形状具有较好的表征能力。

本书在使用负荷特征矩阵对用户进行聚类时,以负荷特征矩阵之间的欧几里得距离为判据,计算用户负荷曲线之间的用户距离,以用户第 i 日的负荷曲线特征为例,用户 s 和用户 p 之间的聚类距离可表示为 $D_i(s,p)$:

$$
\begin{aligned}
D_i(s,p) = &\sqrt{(t_{\max 1_s} - t_{\max 1_p})^2 + (l_{\max 1_s} - l_{\max 1_p})^2} \\
&+ \sqrt{(t_{\min 1_s} - t_{\min 1_p})^2 + (l_{\min 1_s} - l_{\min 1_p})^2} \\
&+ \sqrt{(t_{\max 2_s} - t_{\max 2_p})^2 + (l_{\max 2_s} - l_{\max 2_p})^2}
\end{aligned}
\tag{7-4}
$$

当数据样本中包含多日的用户负荷数据时,只需对每一日的聚类距离 $D_i(s,p)$ 求和即可得到:

$$
D(s,p) = \sum_{i=1}^{I} D_i(s,p)
\tag{7-5}
$$

式中, I 为样本容量中用户负荷的天数; $D(s,p)$ 为考虑整个数据样本时间尺度的用户间聚类距离。

4. 用户聚类

对用户在训练集对应时段的负荷曲线进行聚类,目的是得到用电行为相似的 K 类用户。在本节的聚类过程中,采用 K-均值(K-means)聚类算法和模糊 c 均值(fuzzy c-means, FCM)聚类算法对用户进行聚类,这两种聚类方法均属于实现给定聚类数的聚类算法,在聚类过程中,应当选取合理的用户聚类数。

本书对于聚类数的选取采用一种循序渐进的方法:对于数据集中的 N 个用户,当聚类数选择为最小值 1 时,预测过程中的输入负荷数据为所有用户负荷的总和,当聚类数为最大值 N 时,则相当于对每一个用户负荷进行单独预测,分别对应 7.1.2 节所提到的两种极端聚类策略。在理想情况下,将遍历 $1\sim N$ 进行预测,能够获取最全面的预测结果,但考虑到实际运算过程中的运算难度,对所有聚类数下的用户负荷进行预测将会带来庞大的工作量,且不能保证获取最优的结果。为了表现不同聚类数对预测结果的影响,同时尽可能地减小运算工作量,本书对于用户数量为 N 的数据集,设置 M 个聚类数:

$$
M = \lfloor \log_2 N \rfloor + 2
\tag{7-6}
$$

式中, $\lfloor \cdot \rfloor$ 表示向下取整。例如,对于用户个数为 1000 的数据集,则对应有 11 个聚类数,分别为 1,2,4,8,16,32,64,128,256,512,1000。对于聚类数的取值,第 m 个聚类数的值表示为 k_m :

$$k_m = \min\left\{2^{m-1}, N\right\} \tag{7-7}$$

对于本书用户数量 $N=3175$ 的数据集，聚类数 $k=[1,2,4,8,16,32,64,128,256,512,$
$1024,2048,3175]$。在确定聚类数后，采用 K-means 和 FCM 算法并结合 V 形负荷
特征相应的聚类距离判据对用户进行聚类，下面对上述两种聚类算法进行介绍。

1) K-means 聚类算法

K-means 聚类算法的主要思想是以用户的负荷时间序列为数据样本，通过聚
类把所有的用户划分到多个不同的类中，通过逐次迭代从而使得目标函数最小，
并使得最终生成的各个类别中的对象尽可能地相似而与其他类中的对象又尽可能
地相异[4]。它的处理过程如下：首先从所有的数据对象中任意选择 K 个对象作为
初始聚类中心；对剩下的对象，根据它们与这些聚类中心的距离，分别将它们分
配给与其最近的聚类中心；然后重新计算每个聚类距离的平均值作为新的聚类中
心。这个过程不断重复，直到准则函数收敛。通常采用所有数据的均方差之和作
为准则函数，其处理步骤如下。

(1) 从数据集 $\{x_n\}_{n=1}^{N}$ 中任意选取 K 个初始聚类中心向量 $\{v_1, v_2, \cdots, v_K\}$，其中
N 为样本数量，在本书中表示为用户的数量。

(2) 对数据集中的第 n 个向量 x_n，计算其与各聚类中心之间的聚类距离
$D(x, v)$，并获取样例 x_n 所属的类别编号：

$$u_k(n) \leftarrow \arg\min_k D(x_n, v_k), \quad k = 1, 2, \cdots, K \tag{7-8}$$

式中，$u_k(n)$ 代表 K 个簇中与样例 x_n 距离最近的一个簇。

(3) 按式(7-9)重新计算 K 个新的聚类中心，即每个数据对象的平均值 v_k：

$$v_k = \frac{1}{N_k} \sum_{x_n \in v_k} x_n, \quad k = 1, 2, \cdots, K \tag{7-9}$$

(4) 重复步骤(2)和步骤(3)，直到准则函数收敛或不再变化为止，评判依据为
平方误差准则 E 收敛或不再变化：

$$E = \sum_{n=1}^{N} \sum_{k=1}^{K} D(x_n, v_k) \tag{7-10}$$

2) FCM 算法

FCM 算法是一种基于划分的聚类算法[5]，它的思想就是使得被划分到同一簇
的对象之间相似度最大，而不同簇的对象之间相似度最小，用隶属度确定每个元
素属于某个类别的程度。隶属度函数是表示一个对象 x 隶属于集合 A 的程度的函

数，通常记作 $u_A(x)$，自变量范围是所有可能属于集合 A 的对象(即集合 A 所在空间中的所有点)，取值范围是[0,1]，即 $0 \leqslant u_A(x) \leqslant 1$。在聚类的问题中，可以把聚类生成的簇看成模糊集合，因此，每个样本点隶属于簇的隶属度就是[0,1]区间里面的值。

FCM 算法把 N 个用户分为 K 个模糊类，并求每类的聚类中心，最终得到使模糊目标函数式(7-11)最小的隶属度矩阵 $U=[u_{kn}]$：

$$\min J(U,V) = \sum_{k=1}^{K} \sum_{n=1}^{N} u_{kn}^b D_{kn}^2(x_n, v_k) \tag{7-11}$$

式中，V 为聚类中心集。

与 K-means 算法相同，式(7-11)中，v 表示聚类中心；b 表示模糊划分矩阵指数，用以控制模糊重叠度，$b>1$，一般取 $b=2$；D_{kn} 表示用户 n 和第 k 类聚类中心的距离，计算方法同式(7-8)。隶属度矩阵 $U=[u_{kn}]$ 表示第 $n(n \in \{1,2,3,\cdots,N\})$ 个用户属于第 $k(k \in \{1,2,3,\cdots,K\})$ 类的隶属度，根据隶属度矩阵每列最大元素位置判断用户所属类别。

在求解隶属度矩阵时，应满足如下约束条件：

$$\sum_{k=1}^{K} u_{kn} = 1 \tag{7-12}$$

FCM 算法步骤如下。

(1)随机初始化聚类的隶属度值，并给出聚类数 K。

(2)根据式(7-13)计算聚类中心：

$$v_k = \frac{\sum\limits_{n=1}^{N} u_{kn}^b x_n}{\sum\limits_{n=1}^{N} u_{kn}^b} \tag{7-13}$$

(3)根据式(7-14)计算新的隶属度矩阵：

$$u_{kn} = \frac{1}{\sum\limits_{j=1}^{K} \left[\dfrac{D(x_n, v_k)}{D(x_n, v_j)} \right]^{\frac{2}{b-1}}} \tag{7-14}$$

(4)计算目标函数 J 的值。

(5)重复步骤(2)～(4)，直到 J 的值小于给定的停止阈值或者达到给定的最大迭代次数为止。

5. 建模预测

1) 模型输入向量及归一化

本节将采用 BP 神经网络建立预测模型。在进行预测之前，应当选取训练样本作为模型的输入向量。负荷预测中的模型输入向量大致分为两类：负荷样本变量(30min 采样频率下的有功功率)与非负荷样本变量，负荷在时间尺度上的发展趋势与上述变量具有明显的相关性，本书选取的模型输入向量如表 7-1 所示，接下来将对各输入向量进行阐述。

表 7-1　预测模型输入向量

时间尺度	输入向量
24h 前预测	$x(t-48), x(t-49), x(t-96), x(t-97), x(t-144), w(t), h(t), j(t)$

历史负荷 $x(t)$：本书的预测尺度为日前负荷预测，即通过 24h 前的历史负荷数据和影响负荷的相关因素来预测当日 24h 的负荷值。根据以往负荷预测研究中的经验，输入向量所选取的历史负荷数据越多，预测结果往往会越准确，但同时也应当考虑到过多输入向量对预测模型造成的过拟合和运算效率问题，综合上述考虑，本书将预测日前三天内的数据作为输入变量进行预测。

日类型 $w(t)$：根据用户周负荷曲线的分析可见，用户在工作日和非工作日的用电存在较大差异，应当纳入到预测模型输入向量的考虑范围之内，本书对工作日赋值为 1，非工作日赋值为 0。

时刻值 $h(t)$：本书所选用的数据集采样频率为 30min，对应每日负荷采样个数为 48，在构建输入向量时应依次进行赋值。

节假日 $j(t)$：节假日对于居民用户负荷的使用模式存在显著影响，通过对英国 2009 年的节假期信息进行筛选，本书对非节假日赋值为 0，节假日赋值为 1，如万圣节、圣诞节、平安夜等。

除上述所提到的四个影响负荷变化的关键因素外，气象因素同样是影响负荷变化的决定性因素之一，为了突出体现本书所提出的用户聚类策略的有效性，本书仅考虑了负荷数据及相关的日期信息作为模型的输入数据，与其他负荷相关的影响因素，如电价、重大政治性活动等，也可以加入到本书预测模型的输入向量中。

上述负荷相关影响因素在量纲尺度上存在差异，在输入预测模型之前应对各输入向量(X)进行归一化，达到统一量纲、提高预测算法的学习效率和预测精度的目的。通过式(7-15)对变量离差的标准化可以使输入的负荷数据保持在[-1,1]的范围内。同样，在预测结束后，应当对预测结果 y_{out} 进行反归一化，如式(7-16)

所示，获得最终的预测结果。

$$X_{in} = [X - \min(X)]/[\max(X) - \min(X)] \tag{7-15}$$

$$y = \min(y_{out}) + y_{out}[\max(X) - \min(X)] \tag{7-16}$$

式中，X_{in} 为归一化输入向量；y_{out} 为负荷预测结果；y 为反归一化后的负荷预测结果。

2) BP 神经网络预测算法

随着目前信息技术的快速发展和电力系统自动化水平的不断提高，电力负荷预测方法也在不断改进和完善。基于人工智能的负荷预测方法已经成为当前的主要研究内容[6]，本书选取较为常用的人工智能方法 BP 神经网络进行预测，上述方法在负荷预测领域得到广泛使用，在负荷预测过程中均能够得到较为理想的预测效果，为了减少主观程序编写带来的影响，保证算例量测计算时间的可比性，采用的程序主要是基于 MATLAB 已有的成熟的预测算法，通过循环调用和改写而成。

BP 学习算法是目前应用最广、实现途径最直观、运算机制最易理解、研究深入的一种人工神经网络，BP 神经网络是一种多层前馈神经网络，该网络的主要特点是信号前向传递、误差反向传播。在前向传递中，输入信号从输入层经隐含层逐层处理，直至输出层，每一层的神经元状态只影响下一层神经元状态。如果输出层得不到期望输出，则转入反向传播，根据预测误差调整网络权值和阈值，从而使 BP 神经网络的预测输出不断逼近期望输出。网络结构如图 7-7 所示。

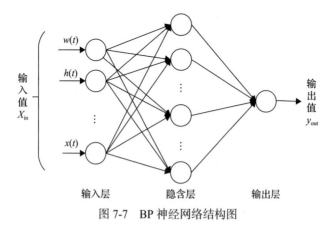

图 7-7　BP 神经网络结构图

BP 神经网络的模型结构和权值通过学习过程得到。学习过程分为两个阶段：正向前馈阶段，即从输入层开始依次计算各层各节点的实际输入、输出；反向误差修正阶段，即根据输出层神经元的输出误差，沿路反向修正各连接权值，使误差减小。

正向前馈数学模型为

$$\begin{cases} y_i^l = f(x_i^l) \\ x_i^l = \sum_{j=1}^{N_{l-1}} w_{ij}^l y_j^{l-1} + \theta_i^l \end{cases} \tag{7-17}$$

式中，y_i^l 为第 l 层第 i ($i=1,2,3,\cdots,L$) 个节点的输出值；x_i^l 为第 l 层第 i 个节点的激活值；w_{ij}^l 为第 $l-1$ 层第 j 个节点到第 l 层第 i 个节点的连接权值；θ_i^l 为第 l 层第 i 个节点的阈值；N_l 为第 l 层节点数；L 为总层数；$f(\cdot)$ 为神经元激活函数。

在正向前馈过程中，依次按式(7-17)计算出各层的输入、输出，直到输出层神经元的输出误差不能满足精度要求，则进入反向误差修正阶段。反向误差修正阶段采用梯度递降算法，即调整各层神经元之间的连接权值，使总的误差 E 向减小的方向变化。其数学表达式为

$$\Delta w_{ij} = -\eta \frac{\partial E}{\partial w_{ij}} \tag{7-18}$$

式中，η 为学习率。则权值调整公式为可由如下迭代方程表示：

$$w_{ij}(t+1) = w_{ij}(t) - \eta \frac{\partial E}{\partial w_{ij}} \tag{7-19}$$

式中，$w_{ij}(t)$ 为权重在迭代次数为 t 时的结果；$w_{ij}(t+1)$ 为权重在迭代次数为 $t+1$ 时的结果。

6. 基于线性规划的最优中和

在以往的众多研究中[7-9]已经可以证实，在聚类结果选取适当的情况下，存在使预测误差小于直接预测误差的聚类数。基于此，通过最优中和法获取不同聚类数 k_m (k_m 为 1～M 之间的某个数，M 为聚类数) 对应的权重 ω，加权汇总不同聚类数得到的预测结果，将其整合成一个全局最优值，是本书所提出的基于聚类算法的用户负荷预测中的核心内容。最优中和阶段在验证集 L_{en} 中进行，整个求解过程可以表示为一个线性规划问题，其目标函数是预测误差 MAPE 的最小化：

$$\hat{\omega} = \arg\min_{\omega} \sum_{t=1}^{T} \frac{1}{T} \frac{\left| L_{en,t} - \hat{L}_{en,t} \right|}{L_{en,t}} \tag{7-20}$$

式中，T 为时段数；$L_{en,t}$ 为负荷真实值；$\hat{L}_{en,t}$ 为经过最优中和之后的负荷预测值：

$$\hat{L}_{\text{en},t} = \sum_{m=1}^{M} \omega_m \hat{L}_{\text{en},m,t} \tag{7-21}$$

将负荷预测值和实际值之间的误差 $E_{\text{en},t}$ 作为辅助决策变量引入上述过程中，则该过程可以由如下的线性规划问题来描述：

$$\hat{\omega} = \arg\min_{\omega} \sum_{t=1}^{T} \frac{1}{T} \frac{E_{\text{en},t}}{L_{\text{en},t}}$$

$$\text{s.t.} \quad \hat{L}_{\text{en},t} = \sum_{m=1}^{M} \omega_m \hat{L}_{\text{en},m,t}, \quad \sum_{m=1}^{M} \omega_m = 1, \omega_m \geqslant 0 \tag{7-22}$$

$$E_{\text{en},t} \geqslant \left| \hat{L}_{\text{en},m,t} - L_{\text{en},m,t} \right|$$

在验证集 L_{en} 中进行预测，并得到 M 个聚类数下的预测结果以及其对应的最优中和权重 $\hat{\omega}$ 后，就可以在测试集 L_{te} 中进行测试，获取最终的预测结果并比较预测误差的大小。

绝大多数的线性规划问题可以通过单纯形法进行求解[10]，该方法从线性方程组逐个找出单纯形，每一个单纯形可以相应地求得一组解，然后计算该解对目标函数的影响，判断目标函数是否达到最优，以此决定接下来要选择的单纯形，通过不断地优化迭代，直到目标函数达到最小值。单纯形法共包含三个步骤：①确定初始的基本可行解；②判断现行的基本可行解是否最优；③基本可行解的改建，也就是基变换。目前，线性规划问题已经可以通过计算机软件进行求解，本节对于最优中和的权重求解过程在 MATLAB 中进行。

整个预测流程伪代码如算法 7-1 所示。

算法 7-1　基于聚类算法的最优中和预测方法

导入数据：按时间尺度进行数据集的划分：训练集 L_{tr}、验证集 L_{en} 和测试集 L_{te}；当前数据集用户数量 N 对应的 M 个聚类数 $k=[k_1, k_2, k_3, \cdots, k_M]$；

用户聚类：提取训练集矩阵 L_{tr} 中的 V 形负荷特征，构成用户负荷特征矩阵；
　　　　　　基于特征矩阵对用户进行聚类；

建模预测：**for** $m=1:M$ **do**
将用户聚类为 k_M 个用户群并对每一类用户组的负荷求和；
　　for $k=1:k_M$ **do**
基于训练集数据 L_{tr} 训练第 k 类用户组对应的预测模型 f_k；
将预测模型 f_k 应用于验证集 L_{en} 进行预测，得到第 k 类用户组的预测结果 $\hat{L}_k$；
　　　　end for

获取权重：求解式(7-22)中的线性规划问题，得到验证集 L_{en} 中的最优权重；

结果测试：在测试集 L_{te} 中按照最优权重获取预测结果，并计算误差指标。

7.1.3 最佳聚类数的选取与验证

1. 聚类数的初步选取

为了验证预测误差与聚类数之间存在的相关性，并确定最佳聚类数可能的存在范围，本书首先选取一个较大的聚类数范围，将聚类数设定为 1~100。通过训练集建立预测模型后，在测试集中使用 K-means 聚类和 BP 神经网络(图中为 BP-K-means)、FCM 聚类和 BP 神经网络(图中为 BP-FCM)预测 MAPE 值、RMSE 值，如图 7-8 所示，图 7-8 采用对数坐标系的形式，可以更加清楚地展现聚类数为 1~10 时预测误差值的趋势。

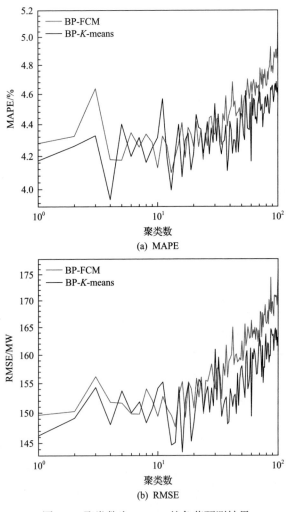

图 7-8　聚类数为 1~100 的负荷预测结果

选取聚类数为 1～100 进行负荷预测的初步分析，从图 7-8 可以得出以下结论。

(1)两种聚类方法的误差指标 MAPE、RMSE 与聚类数之间的变化趋势均呈 U 形，当聚类数大于某一临界点后，预测精度会随着聚类数的增加而降低，这意味着对小规模用户的单独预测会降低全局预测精度。

(2)在相应的聚类数区间内，存在使预测误差小于聚类数为 1(即策略 1)时的聚类数，本书称之为最佳聚类数。

(3)最佳聚类数的范围集中在 2～20，即聚类数继续增大后，出现最佳聚类数的可能性也会减小，因此采用式(7-21)中的函数确定聚类数，既可以保证最佳聚类数出现的可能，又避免了过多聚类数导致的计算量过大问题。

2. 最优权重求解

为了进一步挖掘该预测方法的预测精度提升效果，本节将以不同聚类数的预测误差精度为依据，对不同聚类数预测得到的结果进行加权整合，并求出其对应的最优权重，最终在测试集中对预测效果进行检验。

最终获取 K-means 和 FCM 聚类算法在不同聚类数下的预测结果，如图 7-9 所示。

图 7-9 中对应的聚类数分别为 $k=\{1,2,4,8,16,32,64,128,256,512,1024,2048,3175\}$，结合图 7-8 可以看出，当聚类数为 100 时，两种预测方法的 MAPE 值已经呈现增大趋势，但仍小于 5.5%，而随着聚类数进一步增大，在达到聚类数最大值 3175 时(即对每个用户的负荷量进行单独预测)，采用 FCM 聚类的预测误差 MAPE 已经达到了 9.47%，约为最小误差 3.9%的 2.4 倍，已经超过了负荷预测的允许误差值，该结果对应的聚类数是不合理的。从最优中和的角度来分析，当聚类数达到某个阈值后，得到的预测结果并不能带来预测精度上的改善，因此其权重结果也会适当偏小，甚至结果为 0，而相应地，处于最佳聚类数范围内的预测结果对应的权重会相对较大，以获取最佳的中和加权预测结果。值得提出的是，图 7-9 中得到的结果是未涉及最优中和的预测误差指标，仅靠该数值并不能确定最优中和的权重结果，需获取各个聚类数下的负荷预测结果并对 MAPE 计算公式进行改写，构建线性凸规划问题进行求解，最终得到的权重结果如表 7-2 所示。

结合表 7-2 中的结果可以看出，对于 K-means 聚类算法的最优中和预测值的两项误差指标分别为 3.85%和 141.72MW，相较于对全部用户负荷总量直接预测的误差分别减小了 0.32 个百分点和 2.53MW；FCM 聚类算法的最优中和预测值的两项误差指标分别为 4.00%和 143.07MW，相较于对全部用户负荷总量直接预测的误差分别减小了 0.28 个百分点和 6.57MW，由此证实了本书所提方法对预测误差的改善效果。

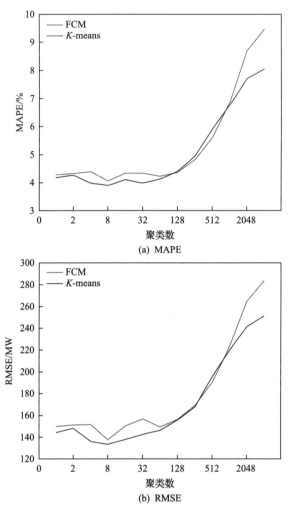

图 7-9　不同聚类数下的负荷预测结果

表 7-2　最优中和聚类预测结果

聚类数	K-means			FCM		
	ω	MAPE/%	RMSE/MW	ω	MAPE/%	RMSE/MW
1	0.217	4.17	144.25	0.452	4.28	149.64
2	0	4.26	148.12	0	4.32	151.25
4	0.642	3.99	143.52	0	4.39	151.56
8	0.052	3.90	141.17	0.548	4.06	145.66
16	0	4.10	143.75	0	4.34	150.17
32	0.089	3.98	142.76	0	4.34	156.72
64	0	4.13	146.36	0	4.23	149.39

续表

聚类数	K-means			FCM		
	ω	MAPE/%	RMSE/MW	ω	MAPE/%	RMSE/MW
128	0	4.41	155.47	0	4.37	156.31
256	0	4.95	167.69	0	4.83	168.97
512	0	5.91	195.61	0	5.61	190.18
1024	0	6.77	219.78	0	6.86	222.77
2048	0	7.70	241.25	0	8.69	264.66
3175	0	8.05	251.21	0	9.47	283.3
最优中和值	—	3.85	141.72	—	4.00	143.07

3. 聚类算法对比分析

本书采用了两种聚类算法来对预测效果进行验证，本节将对两种聚类算法的预测结果进行分析。首先统计不同聚类数下的两种预测方法的误差指标，聚类数范围为 1～100，对比两种聚类方法的预测指标，可以得出如下观测结果。

（1）对比两种聚类方法在聚类数为 1～100 时的两个误差指标，对于 MAPE 来说，其中 FCM 优于 K-means 算法的聚类数为 16 个，K-means 优于 FCM 算法的聚类数为 84 个；对于 RMSE 来说，其中 FCM 优于 K-means 算法的聚类数为 12 个，K-means 优于 FCM 算法的聚类数为 88 个。

（2）对于 FCM 聚类算法，其 MAPE 和 RMSE 的最小值分别为 4.06% 和 145.66MW；对于 K-means 算法，其 MAPE 和 RMSE 的最小值分别为 3.90% 和 141.17MW。

由此可见，不论是从聚类数的选取还是最优的预测精度来说，K-means 聚类算法都较 FCM 聚类算法有更好的预测结果，由于两种聚类算法所应用的场景、采用的预测算法及距离判据完全相同，因此可以认为对于本书所提出的基于用户聚类的预测策略，K-means 算法要好于 FCM 算法。从算法原理的角度来分析，K-means 算法是一种硬性的划分，而 FCM 算法则是将聚类推广到模糊情形，对不同的聚类对象给出隶属度权重，相比之下，K-means 算法更符合本书的数据分析需求，通过实际数据也验证了 K-means 算法在本书应用场景中的优越性。

7.2　低秩矩阵分解在母线坏数据辨识与修复中的应用

电力系统母线负荷是指由变电站的主变压器供给终端负荷的总和，与电力系统的潮流计算、安全校核、安全分析以及继电保护定值等问题都有紧密的关系[11]。深刻把握母线负荷特性、提升母线负荷预测精度有利于提高电力系统的安全稳定控制分析水平。与系统负荷相比，母线负荷具有较强的波动性与不稳定性。另外，由于量测系统故障、通信失灵等，在采集的母线负荷数据中包含大量坏数据，给母线数据分析的准确性和预测的精确性带来一定的影响。有效辨识并修复母线坏数据对母线负荷的分析和预测有着重要意义。

本节首先从母线负荷特性切入，分析母线负荷的波动性与坏数据的多样性；进而从数据本身的角度出发，将母线数据以矩阵的形式进行分析，并分析其低秩特性，引入低秩矩阵分解，提出一套基于低秩矩阵分解的母线坏数据辨识与修复方法；然后给出基于修复效果与预测效果的评价指标，最后通过广东省实际算例验证本节所提方法的有效性。

7.2.1 母线负荷数据特性分析

本节将介绍母线负荷数据基本特性，分析其低秩特性，为母线坏数据的辨识与修复提供基础。

1. 母线负荷的波动性与坏数据的多样性

电力系统中母线数量很多，负荷种类各不相同，所涉及的区域较小。与系统负荷相比，母线负荷稳定性较差、波动性较强，为母线坏数据的辨识与修复增加了难度。图 7-10 给出了广东省 2011 年电压等级为 220kV 的一条母线一周内的负荷曲线。

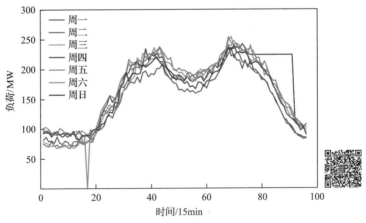

图 7-10 母线一周负荷(彩图扫二维码)

可以总结出母线负荷的两个主要特点：一方面，图 7-10 中的母线负荷呈现出明显的峰谷差，说明母线负荷具有较强的波动性；另一方面，从图 7-10 中可以看出，母线负荷存在大量且明显的零值、跳跃与连续恒定值等坏数据，体现出母线坏数据的多样性。为还原母线负荷曲线的真实形状，需要进行坏数据修复。

2. 母线负荷的低秩性

为方便观察母线负荷数据的特点，将母线负荷数据用矩阵形式表示。对于某一条母线，设母线负荷数据矩阵为 L，其行数为 m，列数为 T，秩为 r，$L_{i,t}$ 表示第 i 天第 t 时刻的母线负荷。由奇异值分解 (singular value decomposition，SVD) 方法[12]，可对母线负荷数据矩阵进行奇异值分解：

$$L = USV^{\mathrm{T}} \tag{7-23}$$

式中，U、V 分别为正交矩阵；S 为对角阵，可表示为如下形式：

$$S = \begin{pmatrix} S_1 & 0 \\ 0 & 0 \end{pmatrix} \tag{7-24}$$

式中，S_1 为一个对角线元素全部非零的对角矩阵，即

$$S_1 = \mathrm{diag}(s_1, s_2, \cdots, s_r) \tag{7-25}$$

式中，$s_1, s_2, \cdots, s_r$ 为矩阵 L 的奇异值，且满足如下关系：

$$s_1 \geqslant s_2 \geqslant \cdots \geqslant s_r > 0 \tag{7-26}$$

根据矩阵的低秩性定义，如果式 (7-27) 成立，则称矩阵具有严格的低秩性：

$$r \ll \min(m, T) \tag{7-27}$$

如果式 (7-28) 的条件不满足，但若有式 (7-28) 成立，则称矩阵具有近似低秩特性：

$$s_i \gg s_j > 0, \quad i > j \tag{7-28}$$

即当矩阵有一个或几个奇异值远远大于其余奇异值之时，即使不严格满足低秩条件，也可以认为矩阵是具有低秩特性的。

对图 7-10 中某三条母线全部的负荷数据矩阵进行奇异值分解，可以得到三条母线的奇异值分布。对于每条母线，分别计算每个奇异值占该条母线所有奇异值之和的百分比，结果如表 7-3 所示。

表 7-3　母线负荷奇异值占比分布　　　　　　（单位：%）

母线号	s_1	s_2	s_3	s_4	⋯
1	66.7	3.6	2.6	1.7	⋯
2	67.9	3.8	3.4	2.8	⋯
3	62.2	2.3	1.7	1.2	⋯

从表 7-3 中的奇异值分布可以得到三条母线的 s_1 的占比都超过了 60%，而其余奇异值在相应母线中的占比均小于 4%，且 s_4 以后奇异值占比小于 1%，可以忽略。奇异值占比分布说明母线数据具有明显的低秩特性，为母线负荷的分析与处理提供了新途径。

7.2.2　母线坏数据类型

母线坏数据种类较多，主要包括连续恒定常数、零值、异常跳跃、负荷转供等，如图 7-11 所示。由于负荷转供由人员操作产生，留有记录，可通过相应的操作记录对转供负荷直接进行修复，所以本书所研究的母线坏数据类型不包括负荷转供。

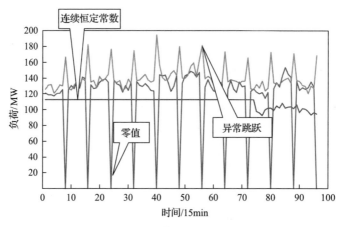

图 7-11　母线坏数据的三种不同类型

下面分别介绍三种母线坏数据的成因及特点。

1. 连续恒定常数

连续恒定常数类型坏数据的成因主要有两个方面。一方面，在数据传输时二次侧的故障导致通信故障，使得传输的数据不发生变化；另一方面，当母线检修时，母线负荷会出现连续恒定常数。这类坏数据在母线中往往集中分布。

2. 零值

如图 7-11 所示，零值类型坏数据信息损失严重。其产生的原因也有两个方面。首先当二次侧故障数据无法传输时会产生零值坏数据。其次，当配用电端传感器故障时母线负荷也会出现零值。由于二次侧与传感器的故障随机并且很少连续出现，因此母线中零值坏数据往往稀疏分布。

3. 异常跳跃

如图 7-11 所示，异常跳跃类型坏数据的"异常"主要体现在这类数据明显与负荷曲线的变化规律不符。其产生原因主要是系统调度命令改变造成母线数据跳变以及用电端存在异常用电行为。异常跳跃类型坏数据在母线中的分布也是稀疏的。

7.2.3　母线坏数据的修复与处理

对母线坏数据的辨识与修复包括两个步骤：第一步为连续恒定常数替换，第二步为基于低秩矩阵分解的辨识与修复。

1. 连续恒定常数替换

由于连续恒定常数类型的坏数据在母线负荷中分布集中，低秩矩阵分解技术不能进行很好的辨识，需要首先单独进行判定与处理，对连续恒定常数类型坏数据的判定参考文献[13]中的方法：

$$\sum_{j=t_0}^{t_0+r} |\Delta L_{i,t}| < \varepsilon \tag{7-29}$$

式中，$\Delta L_{i,t}=L_{i,t+1}-L_{i,t}$ 为母线第 i 天相邻时刻的母线负荷差；t_0 为连续恒定常数的起始时刻；ε 为阈值。由于母线日负荷中可能出现相邻两个时段的负荷相同的情况，故 r 的值不能太小，否则出现坏数据的误辨识；另外，当 r 值过大时会出现坏数据的遗漏。因此不妨将 r 取为 5，表示当出现连续 5 个以上的恒定常数数据时视为存在连续恒定值的坏数据。基于同类型日的思想，利用前一周的同一时段的数据替换连续恒定常数类型的坏数据。用 $\sum_{t=j}^{j+r} L_{i,t}$ $(i>7)$ 表示第 i 天的 r 个连续相同的数据，则当 $r>5$ 时，有

$$\sum_{t=j}^{j+r} L_{i,t} = \sum_{t=j}^{j+r} L_{i-7,t} \tag{7-30}$$

即用前一周同一时段对应的 r 个数据来替换坏数据。

2. 基于低秩矩阵分解的辨识与修复

基于母线负荷的低秩特性，本节将介绍低秩矩阵对于母线坏数据的辨识与修复过程。

由此前的分析可知，母线负荷数据形成的矩阵 L 具有较强的低秩特性，可以

将其分解为两个矩阵之和：

$$L = A + E \tag{7-31}$$

式中，A 为一个低秩矩阵，表示母线正常的负荷数据；E 为噪声和异常数据矩阵。除了连续恒定常数类型的坏数据外，其余类型坏数据在矩阵中分布稀疏，故矩阵 E 为一个稀疏矩阵。因此根据文献[14]，对于这类坏数据分布可以用鲁棒主成分分析法(robust principal component analysis，RPCA)来进行优化处理，得到 A 的最优解，即求解如下所示的优化问题：

$$\min_{A,E} \| A \|_* + \lambda \| E \|_{1,1} \quad \text{s.t. } L = A + E \tag{7-32}$$

式中，$\| A \|_* = \sum_{i=1}^{r_0} s_{Ai}$，其中 s_{Ai} 为矩阵 A 的奇异值，r_0 为 A 的秩；$\| E \|_{1,1} = \sum_{i=1}^{m} \sum_{t=1}^{T} | e_{i,t} |$ 为 E 的 $(1,1)$ 范数，$e_{i,t}$ 为矩阵 E 第 i 行、第 t 列的元素；λ 为一个容差参数，表示误差矩阵 E 所占比重[15]。

其中 E 矩阵包含的母线异常数据有零值和异常跳跃两种类型，因此对式(7-32)中 A、E 的优化求解即可实现对于这两类坏数据的辨识和修复。

对于式(7-32)表示的优化模型，根据文献[15]，在优化求解过程中往往将其正则化后得到如式(7-33)所示的结果：

$$\min_{A,E} \tau(\| A \|_* + \lambda \| E \|_{1,1}) + \frac{1}{2}(\| A \|_F^2 + \| E \|_F^2) \\ \text{s.t. } L = A + E \tag{7-33}$$

式中，$\| A \|_F = \sqrt{\sum_{i=1}^{r} (s_{Ai})^2}$、$\| E \|_F = \sqrt{\sum_{i=1}^{r} (s_{Ei})^2}$ 分别为矩阵 A 和矩阵 E 的 F 范数，s_{Ei} 为 E 的奇异值；τ 为一很大的正数[16]。采用拉格朗日乘子法进行优化求解，式(7-33)优化的拉格朗日函数为

$$L(A,E,Y) = \tau(\| A \|_* + \lambda \| E \|_{1,1}) \\ + \frac{1}{2}(\| A \|_F^2 + \| E \|_F^2) \\ + \text{trace}(Y^T, L - A - E) \tag{7-34}$$

式中，Y 为拉格朗日乘子矩阵[17]；$\text{trace}(\cdot)$ 表示求二维矩阵对角线上元素之和。式(7-34)表示的优化问题无法直接求得解析解，故对其进行迭代优化求解得到 A、E 的最优解，利用阈值迭代法迭代求解，求解过程如图 7-12 所示。

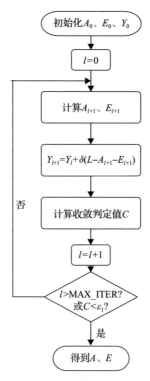

图 7-12　迭代求解框架

首先给定 A_0、E_0、Y_0 和迭代次数计数量 l 的初始值；之后由 Y_l 求出 A_{l+1} 和 E_{l+1}，求解过程分别如式 (7-35) 和式 (7-36) 所示[15]；再由 A_{l+1} 和 E_{l+1} 求出 Y_{l+1}，求解过程如式 (7-37) 所示，最后当收敛判定值 C 大于阈值 ε_1 或迭代次数 l 超过迭代次数设定的最大值 MAX_ITER 时结束迭代。收敛判定值 C 表达式如式 (7-38) 所示[18]

$$A_{l+1} = \arg\min_A L(A, E_l, Y_l) = D_\tau(Y_l) \tag{7-35}$$

式中，$D_\tau(Y_l) = U_Y D_\tau(S_Y) V_Y^{\mathrm{T}}$ 为奇异值收缩算子[18]，且有 $Y_l = U_Y S_Y V_Y^{\mathrm{T}}$ 为 Y 的奇异值分解；并且 $D_\tau(S_Y) = \mathrm{diag}(\{(s_{Yi} - \tau)_+\})$，表示将 Y_l 小于 τ 的奇异值变为 0，同时将大于或等于 τ 的奇异值保留下来，是去除 Y_l 中较小奇异值的过程；下标 l 表示迭代次数，式 (7-35) 表示逐步去除较小的奇异值，保留 A 矩阵主要的部分，迭代得到 A 的最优解即实现坏数据的修复过程。

$$A_{l+1} = \arg\min_A L(A, E_l, Y_l) = \mathrm{shrink}(Y_l, \lambda\tau) \tag{7-36}$$

式中，$\mathrm{shrink}(Y_l, \lambda\tau) = \begin{cases} Y_l - \lambda\tau, & y \in (\lambda\tau, +\infty) \\ 0, & y \in [-\lambda\tau, \lambda\tau] \\ Y_l + \lambda\tau, & y \in (-\infty, \lambda\tau) \end{cases}$ 为收缩算子[19]表示去除误差矩阵中较

大的部分，使得到的误差矩阵更精确，根据式(7-36)迭代得到 E 的最优解即实现了坏数据的辨识过程。

当 $A=A_{l+1}$，$E=E_{l+1}$ 时有

$$Y_{l+1} = Y_l + \delta(L - A_{l+1} - E_{l+1}) \tag{7-37}$$

式中，δ 为计算步长，是常数。

当式(7-38)成立时迭代终止。

$$C = \frac{\| L - A_l - E_l \|_F}{\| L \|_F} < \varepsilon_1 \tag{7-38}$$

式(7-38)表示当 C 小于 ε_1 时认为迭代结果已经满足 $L=A+E$，判定收敛。

7.2.4　评价标准

前文已经介绍了母线负荷数据的特点、低秩矩阵分解以及低秩矩阵分解对于母线坏数据的修复方法，下面给出修复效果的评价标准。主要的评价标准有坏数据恢复程度和预测精度改变量两个。

1. 坏数据恢复程度

为了观察低秩矩阵分解对于母线坏数据的修复效果，本书首先人为设置已知的坏数据，然后通过本书提出的方法对坏数据进行辨识和修复，通过计算修复后的数据与真实数据的相对误差来观察修复效果。设置的坏数据有两类：零值类型的坏数据和异常跳跃类型的坏数据。

零值类型的坏数据设置即将母线数据中的一部分数据设置为零值，并利用低秩矩阵分解进行修复。最后将恢复结果与真实值进行对比，评价修复效果。

设置异常跳跃类型的坏数据的方法参考文献[13]中的定义，采用切比雪夫不等式[20]进行定义：

$$\text{prob}(| \Delta L_{i,t} - E |< kD) > 1 - \frac{1}{k^2} \tag{7-39}$$

式中，E 为 $\Delta L_{i,t}$ 的期望；D 为标准差；k 为样本偏离期望的程度。以 $k=5$ 为例进行坏数据构造，$k=5$ 表示有 96% 的概率可以判定负荷分布在 $\pm 5D$ 的区间内，构造 $\pm 5D$ 之外的数据作为异常跳跃数据来观察修复效果。因此以母线一天的所有数据为例进行展现，计算出 $\Delta L_{i,t}$ 的均值与标准差，之后给负荷中几个数据加上 $5D+E$ 的误差并进行修复，观察修复效果。

2. 预测精度改变量

将母线负荷预测精度的改变量作为坏数据修复效果的另一个评价标准。具体过程为使用修复前后的数据对于同样的已有数据进行虚拟预测，对比预测精度，评价修复效果。

预测采用的方法是人工神经网络算法，人工神经网络是一种通过历史数据对网络进行训练，寻找数据中的非线性关系，预测未来数据的方法[21]。这也是目前负荷预测使用最多的一种算法。

与此同时，由于母线数据的波动性和坏数据的多样性，对母线负荷预测精度的定义也与系统负荷不同。如果直接按照相对误差定义精度会导致预测精度过低。故母线负荷预测精度需要根据母线的电压等级来确定，本书中使用的数据的电压等级均为 220kV，根据文献[11]选择相应母线负荷的基准值为 305MV·A，下面定义母线第 i 天第 t 时段的误差如下：

$$e_{i,t} = \frac{预测值 - 实际值}{负荷基准值} \times 100\% \tag{7-40}$$

第 i 日 T_0 时间段内母线预测准确率 a_i 表示为

$$a_i = \left(1 - \sqrt{\frac{1}{T_0} \sum_{j=1}^{T_0} e_{i,t}^2}\right) \times 100\% \tag{7-41}$$

根据以上预测精度的定义，可以对预测效果进行评估，从而对母线坏数据的修复效果进行评价。

7.2.5 算例分析

算例分析的数据来自广东省 2011 年电压等级为 220kV 的母线数据。数据覆盖了 10 条母线，每 15min 采集一次，每条母线每天共采集 96 个点，采集持续时间超过 293 天(采集时间为 1 月 1 日至 10 月 20 日)。

本节将利用 7.2.3 节中提出的母线坏数据辨识与修复方法对母线日负荷数据进行修复。第一部分着眼于单条母线的坏数据修复，对不同类型坏数据的修复及修复效果评价进行算例展示。首先分析一条母线的多日日负荷曲线数据，选取其中一天的数据，分别设置连续恒定常数、多个零值、异常跳跃三种类型的坏数据，并对其进行修复，观察修复效果；之后对真实日负荷曲线进行整体修复；最后比较基于存在坏数据的日负荷数据以及基于坏数据修复后的日负荷数据的虚拟预测精度差异。第二部分对多条母线中的坏数据进行修复，并展示坏数据修复后虚拟预测精度的改变。第三部分基于一条母线的日负荷曲线数据进行参数的灵敏度分析，展示了参数 λ 变化时，虚拟预测精度的变化情况。

1. 单条母线坏数据修复

选取第一条母线 1 月 1 日至 10 月 20 日的日负荷曲线数据，首先对 4 月 1 日的负荷设置不同类型坏数据并进行修复；之后修复 4 月 1 日母线负荷中真实存在的坏数据；最后对母线 1 坏数据修复前后的虚拟预测精度改变进行评价。

将母线 1 中 4 月 1 日部分时段的负荷数据设置为连续恒定常数，使用连续恒定常数替换算法对坏数据进行修复。真实数据、设置连续恒定常数后的数据，以及修复数据如图 7-13 所示。

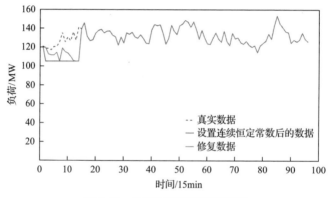

图 7-13　连续恒定常数替换结果

由图 7-13 可以看到，连续恒定常数类型的坏数据经过替换可以在一定程度上得到修复。对于图 7-13 中所示的情况，修复结果与真实值的相对误差为 2.21%，修复效果良好。

在母线 1 的 4 月 1 日的日负荷曲线中设置多个零值类型的坏数据，并采用低秩矩阵分解的算法进行修复。将 1 月 1 日至 10 月 20 日共 293 天的日负荷曲线数据输入迭代修复函数中，并将控制异常数据矩阵 E 比重的参数 λ 设定为 0.15。函数输出为修复后的 293 天日负荷曲线数据。选取修复后 4 月 1 日的日负荷曲线，与真实数据以及设置零点之后的数据绘制在同一张图中，如图 7-14 所示。图 7-14 展示了低秩矩阵分解方法对于母线零值坏数据的修复效果。实际修复值与真实值的平均相对误差为 2.18%，修复算法对于零值坏数据的恢复效果良好。

在母线 1 的 4 月 1 日的日负荷曲线中设置多个异常跳跃类型坏数据，并采用低秩矩阵分解处理的算法进行修复。函数的输入输出与坏数据为多个零值时相同。经计算可以得到 $E=0.0528$，$D=6.7012$。选取修复后 4 月 1 日的日负荷曲线，与真实数据以及增加异常跳跃之后的数据绘制在同一张图中，如图 7-15 所示。恢复后的数据与原始数据的平均误差为 0.82%，修复算法对于异常跳跃类型坏数据的恢复效果良好。

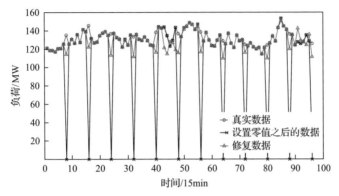

图 7-14　母线零值坏数据修复结果

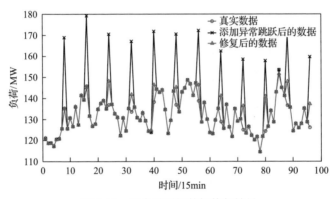

图 7-15　异常跳跃坏数据修复结果

经过以上讨论，可以说明利用 7.2.3 节中提出的低秩矩阵分解修复算法对人为设置的母线坏数据有良好的恢复效果。下面对第一条母线中 293 天日负荷曲线中真实存在的坏数据进行整体修复。同样选取 4 月 1 日的原始日负荷数据曲线及其中的异常值、修复数据曲线，如图 7-16 所示。可以看出，基于低秩矩阵分解的算法能够有效辨识原始母线负荷中的异常值并进行相应的修复。

利用低秩矩阵分解修复母线坏数据的工作，不仅可以还原日负荷曲线的真实形状，而且可以提高母线未来日的日负荷曲线的预测精度。

利用神经网络算法，基于 1 条母线 2011 年 1 月、2 月和 3 月的数据对 4 月 1 日的母线日负荷曲线数据进行虚拟预测。神经网络的输入数据为低秩矩阵分解算法修复前后的数据。将基于修复前后数据的预测结果与该日真实值进行对比，并将三条日负荷曲线绘制在同一张图中，如图 7-17 所示。

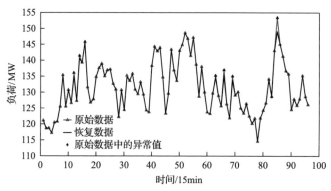

图 7-16　真实母线数据修复结果

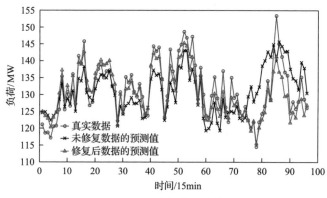

图 7-17　虚拟预测结果

通过图 7-17 可以看出,基于低秩矩阵分解算法修复后的数据进行日负荷曲线虚拟预测时,预测曲线与真实曲线拟合得更好。利用原始数据预测得到的精度为94.60%,而利用修复之后的数据得到的预测精度为 96.93%。基于低秩矩阵分解算法修复后的数据预测精度提高了 2.33 个百分点,说明基于低秩矩阵分解的修复算法对母线坏数据有明显的修复作用。

2. 多条母线修复效果

下面将比较利用低秩矩阵分解对不同母线的坏数据的修复效果。选取 10 条母线,分别利用基于低秩矩阵分解的修复算法对其 1 月 1 日至 10 月 20 日共 293 天的真实日负荷曲线数据进行修复。利用神经网络算法,分别基于修复前后各母线1 月、2 月和 3 月的数据对各母线 4 月 1 日的母线日负荷数据进行虚拟预测,预测精度的提高百分比如图 7-18 所示。

通过图 7-18 的结果可以看到,虽然每条母线预测精度的提高量不尽相同,但对于不同母线,基于低秩矩阵分解的修复算法都能够对于坏数据进行修复并且预测精度相应提高。这体现了该算法对于母线坏数据修复的普遍性。

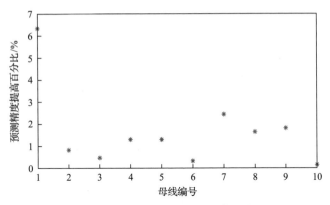

图 7-18　各条母线预测精度提高百分比

3. λ 的灵敏度分析

基于母线 1 从 1 月 1 日至 10 月 20 日的负荷曲线数据，预测母线 1 的 4 月 1 日的负荷曲线，将预测精度的提高量作为 λ 灵敏度分析的评价标准。λ 的变化范围为 0.05～0.5，间隔取为 0.05。得到的预测精度提高百分比如图 7-19 所示。

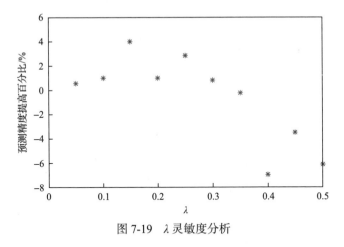

图 7-19　λ 灵敏度分析

通过图 7-19 可以看出，预测精度的提高量与容差参数 λ 不是简单的单调关系，并且当 λ 较小(在 0.05～0.3)时预测精度有明显的提高，但是 λ 较大时预测精度甚至会降低。分析原因是 λ 决定误差矩阵 E 所占比重，当 λ 较小时会剔除更多的坏数据，因此恢复效果好，但是当 λ 过小时又会使得部分好数据被当作坏数据剔除；另外，当 λ 较大时误差比重大，显然恢复效果较差。由图 7-19 有 $\lambda=0.15$ 时，虚拟预测精度可得到最大限度的提高。

母线负荷预测对于电力系统安全稳定运行有着重要意义。基于母线负荷的低秩特性，本节从数据驱动角度出发，提出了一种基于低秩矩阵分解且切实可行的母线坏数据修复方法，并且分别对一条母线和多条母线进行算例分析，利用修复算法修复不同种类的坏数据，都得到了良好的修复效果。另外，利用修复后的数据进行负荷的虚拟预测，观察预测精度的改变量，得到明显的预测精度提高的效果。并将该修复算法在多条母线坏数据的修复中使用，均实现了虚拟预测精度的提高。说明提出的算法对母线坏数据有良好而普适的辨识修复效果。

本算法是一种数据驱动的分析方法，利用数据本身的性质对于其中的坏数据进行修复。研究的进一步延伸方向是将本数据驱动方法与负荷模型的分析结合起来，进一步提高母线数据的预测精度。

7.3　数据与模型融合的短期负荷预测特征选择方法

短期负荷预测是电力系统安全经济运行的保障和编排供电计划的依据。随着电力市场改革的推进，无论是系统侧还是用户侧对短期负荷预测的精度要求都越来越高。电力负荷是气象条件、经济状况、日期信息、历史负荷等多种因素共同作用的结果，具有复杂的非线性特征，并且还需考虑时滞效应。若将所有因素都作为输入变量，将导致维度灾难、特征冗余、预测精度降低等一系列的问题。因此，使用合理的变量选择方法能够有效地改善负荷预测的性能。降低变量集维度能够有效降低计算复杂度，并增强模型可解释性与提高预测精度。

变量选择方法从机理上可分为数据驱动型方法和模型驱动型方法。数据驱动型方法又称为过滤法，通常是以变量之间的数据关系作为评判指标，并根据这个指标筛选变量，该方法独立于预测模型之外，不需要训练模型，因此选择变量的过程快速高效，但选择精度较低。与此相对，模型驱动型方法基于预测模型进行变量选择，可分为封装法与嵌入法。封装法需要反复地训练模型，根据预测效果的好坏选择变量。而嵌入法将变量选择与预测模型紧密结合，在模型训练的同时完成对变量的选择，如通过正则化将不重要的特征权值降低。模型驱动型方法的选择精度高，但同时计算成本更高，难以处理大规模数据。因此结合两种方法，将数据驱动型方法与模型驱动型方法进行融合，能够达到取长补短的目的。

7.3.1　数据驱动型特征选择方法

随着大数据时代的到来，电力行业积累了海量数据，数据驱动型特征选择方法通过挖掘海量数据间的关系能快速高效地筛选变量。本节提出基于正交化最大信息系数与特征协同的变量选择，基于大规模数据集对短期负荷预测模型输入变量进行快速的筛选。

1) 正交化最大信息系数

待选变量与目标变量的相关度是衡量该变量重要性的必要标准之一。相关度常用相关系数或互信息表征，但相关系数难以挖掘变量间复杂的非线性关系，而互信息则可以反映不同类型关联关系的健壮度。

最大信息系数是一种能对海量数据中变量间的各种依赖关系进行广泛挖掘的相关度指标，通过求取不同网格划分下的最大规范化互信息挖掘各类型的变量相关性，具有更高的普适性与公平性，适合同时处理连续数据和离散数据。对于影响因素中既具有众多连续变量又有离散变量的短期负荷预测，最大信息系数能精确地衡量变量间的相关性。

采用最大信息系数作为短期负荷预测变量选择的相关度标准，假设负荷值 y 为目标变量，x 为待筛选的负荷预测模型输入变量，定义输入变量 x 与目标变量的相关度 $\mathrm{Rel}(x)$ 为

$$\mathrm{Rel}(x) = \mathrm{MIC}(x, y) \tag{7-42}$$

式中，$\mathrm{MIC}(x, y)$ 为 x、y 的最大信息系数。

并在选择变量过程中遵循"最大相关度"原则，即最大化选出的变量集与目标变量的相关度。

仅根据相关度选择变量可能会导致选出的变量之间存在极大的冗余。因此除"最大相关度"原则外，还应遵循"最小冗余度"原则。冗余度为待选变量与已选中的变量集的全部共同信息，并将相关度与冗余度加权做差的差值作为度量待选变量重要性的评判标准。该方法存在两个缺陷：①将待选变量与已选变量集的全部共同信息作为冗余度会引入无关冗余信息的干扰，评判标准只应考虑待选变量与已选变量集关于目标变量的共同信息；②引入待调参数，增加了调参难度与计算复杂度。

鉴于此，使用施密特正交化间接考虑冗余度。假设第 n 次选择变量时，已选变量集 $S = \{x_1, x_2, \cdots, x_{n-1}\}$，$x_k$ 代表第 k 次选中的变量，定义变量 x 关于变量集 S 的正交化变量：

$$v = x - \frac{\langle x, u_1 \rangle}{\langle u_1, u_1 \rangle} u_1 - \cdots - \frac{\langle x, u_{n-1} \rangle}{\langle u_{n-1}, u_{n-1} \rangle} u_{n-1} \tag{7-43}$$

式中，$u_k = x_k / \|x_k\|$ 为 x_k 的单位化向量，$\|\cdot\|$ 为计算向量的模；$\langle \cdot, \cdot \rangle$ 表示计算两向量的内积。对正交化向量 v 进行标准化，得到标准施密特正交化向量 GSO：

$$\mathrm{GSO}(x, S) = \frac{v}{\|v\|} \tag{7-44}$$

使用施密特正交化间接剔除变量 x 与已选变量集 S 的共同信息得到正交化向量 $\text{GSO}(x,S)$。定义 $\text{GSO}(x,S)$ 与目标变量 y 的最大信息系数为正交化最大信息系数 OMIC：

$$\text{OMIC}(x \mid S, y) = \text{MIC}(\text{GSO}(x,S), y) \tag{7-45}$$

OMIC 度量了正交化向量 $\text{GSO}(x,S)$ 与目标变量 y 的相关度，表征在已选变量集 S 的条件下变量 x 对目标变量 y 的重要性。

2) 特征协同

待选变量之间除了冗余还存在协同作用，即两个待选变量共同使用时对预测的贡献大于两者单独使用时对预测的贡献之和。选择变量时考虑"最大相关度-最小冗余度"原则的同时，还应综合考虑最大协同度。两个特征变量 x_i 与 x_s 关于目标变量 y 的协同增益 IG 为

$$\text{IG}(x_i, x_s, y) = I([x_i, x_s], y) - (I(x_i, y) + I(x_s, y)) \tag{7-46}$$

式中，$I([x_i, x_s], y)$ 为 x_i 与 x_s 共同使用时联合变量 $[x_i, x_s]$ 与 y 的互信息；$I(x_i, y) + I(x_s, y)$ 为 x_i 与 x_s 单独使用时与目标变量 y 的互信息之和。当 $\text{IG}(x_i, x_s, y) \geqslant 0$ 时，代表 x_i 与 x_s 共同使用时有正向的协同作用；当 $\text{IG}(x_i, x_s, y) < 0$ 时，代表 x_i 与 x_s 存在关于目标变量的冗余，由于冗余度已通过施密特正交化考虑，可令协同度为 0。假设已选变量集为 S，待选变量 x_i 与已选变量集 S 关于目标变量 y 的协同度（variable interaction，VI）定义为

$$\text{VI}(x_i, S) = \begin{cases} \max\limits_{x_s \in S} \text{IG}(x_i, x_s, y), & \max\limits_{x_s \in S} \text{IG}(x_i, x_s, y) \geqslant 0 \\ 0, & \max\limits_{x_s \in S} \text{IG}(x_i, x_s, y) < 0 \end{cases} \tag{7-47}$$

3) 数据驱动型变量选择算法 OMICFI 流程

数据驱动型变量选择算法 OMICFI（optimal mutual information collaborative feature information）将正交化最大信息系数与特征协同结合作为选择变量时的评价标准，步进迭代选择变量。设待选变量集为 $S_c = \{x_1, x_2, \cdots, x_M\}$，$x_M$ 为待选变量数目，第 n 次变量选择后的已选变量集为 S_n，目标变量为 y，需选变量数为 N，使用 OMICFI 选择变量的迭代步骤如下。

(1) 第 1 次变量选择时选择与输出变量相关度最高的变量：

$$s_1 = \arg\max\limits_{x_i \in S_c} \{\text{MIC}(x_i, y)\} \tag{7-48}$$

(2) 第 n 次变量选择时（$n > 1$），对待选变量 x_i，其得分 Score 记为

$$\text{Score}(x_i) = \text{OMIC}(x_i \mid S_{n-1}, y) + \alpha \cdot \text{VI}(x_i, S_{n-1}) \tag{7-49}$$

式中，α 为权重，可用试错法或群体智能算法求解较优值，根据试错法选择 $\alpha = 5$。选择分数最高的变量：

$$s_n = \arg \max_{x_i \in S_c - S_{n-1}} \{\text{Score}(x_i)\} \tag{7-50}$$

将 s_n 加入已选变量集 S_{n-1} 构成新的已选变量集 S_n。

(3) 进行下一次迭代直到已选变量数目 n 达到预定值 N，输出已选变量集 $\hat{S} = S_n$。

数据驱动型变量选择算法 OMICFI 流程如图 7-20 所示。

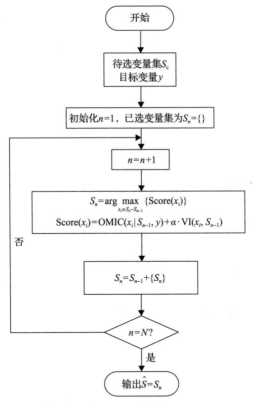

图 7-20　数据驱动型变量选择算法 OMICFI 流程图

短期负荷预测输入变量选择结果，一方面应反映变量与负荷间的关联关系，另一方面也取决于所使用的预测模型，不同预测模型的机理存在差异，所选取的输入变量也应随之变化。OMICFI 算法既综合考虑了变量间的相关度、冗余度与协同度，又避免了不相关冗余信息的干扰和过多待调参数的引入，能快速地筛除与负荷无关的变量与冗余变量。但由于其选择变量时独立于预测模型，忽略了与预测模型的匹配性问题，可能会影响预测精度。因此基于预筛选结果，融合模型驱动型变量选择方法，进行输入变量精选。

对于数据驱动型方法，我们可以从关联度、冗余度、协同度三方面综合考虑。常用于考量变量间关联度的指标是互信息。但互信息作为关联指标的公平性不足，对不同类型关联关系的健壮性不一致。因此我们引入最大信息系数，它具有更高的普适性和公平性，能更精确地衡量变量间的相关性。对于冗余度，目前的方法是将待选变量与已选变量集间全部的共同信息作为冗余。我们引入施密特正交化间接地考虑待选变量的冗余度，并与衡量关联度的最大信息系数相结合。首先求取待选变量关于已选变量集的正交化变量，然后求取该变量与目标变量的最大信息系数。这种方法能精确地滤除关于目标变量的冗余信息，同时还能避免引入待调参数。最后，待选变量间除了冗余关系外还存在着协同合作关系。我们基于协同增益考虑变量间的协同度，并与正交化最大信息系数加权求和作为最终的变量评价标准。

7.3.2　模型驱动型特征选择方法

在随机森林的构建中，训练集的抽取与节点候选分割特征集合的选取都具有随机性，单次随机排列重要性排序结果不一定能真实反映变量间的相关重要性程度，仅通过单次排序结果来确定变量集具有一定的主观性。为了降低随机性与人为因素的干扰，在随机森林变量选择过程中引入递归特征消除，根据随机森林算法的随机排列重要性度量各待选变量的重要性，每次迭代滤除重要性评分最低的变量，经过多次迭代生成待选择的变量集，增强选择结果的可靠性与鲁棒性。将该方法称为随机森林变量选择(random forest variable selection, RFVS)算法。

相对于其他封装变量选择算法，RFVS 算法具有更低的计算复杂度与过拟合风险，并能计算各输入变量对负荷的影响程度。

RFVS 算法流程如图 7-21 所示。

7.3.3　数据驱动与模型驱动融合的特征选择方法

数据驱动型与模型驱动型特征选择方法都有各自的局限性，因此本节提出一种新的数据驱动与模型驱动融合的短期负荷预测变量选择方法，即基于正交化最大信息系数、特征协同与随机森林的变量选择方法 OMICFI-RFVS。首先通过数据驱动型特征选择方法 OMICFI 从高维数据集中快速剔除大部分无关、噪声或冗余特征，有效减小后续选择过程的规模，再使用模型驱动型特征选择方法 RFVS 进一步优化选择重要的变量，这种结合方式有助于实现筛选效率和精度间的平衡。

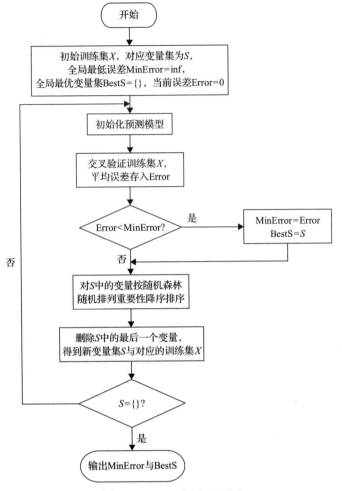

图 7-21　RFVS 算法流程图

OMICFI-RFVS 算法步骤如下:

(1)选择短期负荷预测的合适的待选变量集;

(2)进行数据标准化,并处理异常数据与缺失数据;

(3)通过数据驱动阶段快速剔除无关或冗余变量,得到变量集,降低模型驱动阶段的计算负担;

(4)对于筛选出的变量集,通过模型驱动阶段进一步精选变量,得到最终的选择变量集;

(5)基于最终的选择变量集,对预测模型进行训练和验证。

算法流程如图 7-22 所示。

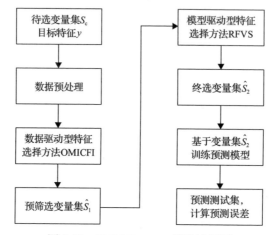

图 7-22　OMICFI-RFVS 算法流程图

7.3.4　短期负荷预测变量选择算例分析

采用公开的负荷数据集为数据来源，基于变量选择结果与模型预测精度从多方面验证算法的有效性，同时与目前广泛使用的如下几种变量选择方法的效果进行对比。

（1）互信息最大化法（mutual information maximisation，MIM）：以最大化所选变量与目标变量的互信息为评价函数，不考虑所选变量间的关系。

（2）联合互信息法（joint mutual information，JMI）：以待选变量、已选变量及目标变量的联合互信息作为评价函数，可滤除冗余变量。

（3）最大相关度-最小冗余度法（max-relevance min-redundancy，MRMR）：遵循"最大相关度-最小冗余度"原则，以相关度与冗余度加权做差的差值作为评价函数。

（4）双输入对称相关性法（double input symmetrical relevance，DISR）：将归一化后的联合互信息作为评价函数。

（5）条件信息特征选取法（conditional infomation feature extraction，CIFE）：引入条件互信息作为评价函数。

为评估预测模型的精度和泛化能力、验证本节所提出的变量选择方法的有效性，以 10 折交叉验证作为验证方式，以测试集预测误差作为预测精度，以平均绝对百分误差（MAPE）与绝对误差的标准差（SD-AE）作为预测的评价指标。

基于前文描述的训练集与测试集，以随机森林回归作为预测模型进行日前的短期负荷预测。表 7-4 比较了基于各种变量选择方法进行预测的预测精度。

表 7-4　基于各种变量选择方法的预测精度

变量选择方法	MAPE/%	SD-AE/MW	选择变量数目/个
OMICFI-RFVS	2.19	70.08	32
MIM	2.55	76.51	39
JMI	2.52	75.23	32
MRMR	2.36	73.76	31
DISR	2.67	88.80	47
CIFE	2.69	79.81	50
基准变量集	3.54	116.22	5

　　基于选择的变量集进行预测的预测精度可表征该变量集的质量，从而体现变量选择方法的有效性。由表 7-4 可知，对于任何一种预测精度评价指标，相比于对比算法选择的变量集与基准变量集，基于 OMICFI-RFVS 算法选择的变量集进行预测的预测精度最高。

　　为了比较不同预测场景下各变量选择算法的性能，对测试集中 1 月（冬季代表月）、4 月（春季代表月）、7 月（夏季代表月）、10 月（秋季代表月）的负荷与一周中各天的负荷分别进行预测，对于不同的预测精度评价指标，各预测场景的预测精度如图 7-23 所示。

　　由于极端天气与温度积累效应的影响，冬季与夏季的预测误差较高；一周内各天的预测误差参差不齐。而对于各种预测场景，相对于其他变量选择方法，基于 OMICFI-RFVS 选择的输入变量集进行预测的预测性能始终有一定优势，体现出 OMICFI-RFVS 算法的鲁棒性与稳定性。

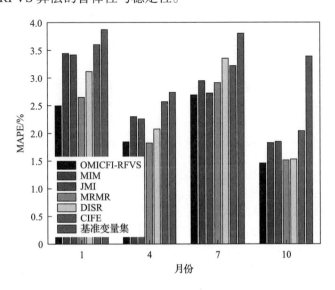

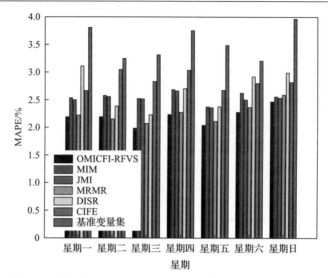

图 7-23　使用各种变量选择方法时测试集各预测场景预测精度

参 考 文 献

[1] Ausgird. Distribution zone substation information data to share[EB/OL]. [2017-07-31]. http://www.ausgrid.com.au/ Common/About-us/Corporate-information/ Data-to-share/DistZone-subs.aspx#.WYD6KenauUl.

[2] 李滨, 黄佳, 吴茵, 等. 基于分形特性修正气象相似日的节假日短期负荷预测方法[J]. 电网技术, 2017, 41(6): 1949-1955.

[3] 任丽娜, 芮执元, 刘彦新, 等. 异常电力负荷数据的辨识方法研究[J]. 水力发电, 2008(2): 43-45.

[4] 赵莉, 候兴哲, 胡君, 等. 基于改进 K-means 算法的海量智能用电数据分析[J]. 电网技术, 2014, 38(10): 2715-2720.

[5] 张少敏, 赵硕, 王保义. 基于云计算和量子粒子群算法的电力负荷曲线聚类算法研究[J]. 电力系统保护与控制, 2014, 42(21): 93-98.

[6] 隋惠惠. 基于 BP 神经网络的短期电力负荷预测的研究[D]. 哈尔滨: 哈尔滨工业大学, 2015.

[7] 黄青平, 李玉娇, 刘松, 等. 基于模糊聚类与随机森林的短期负荷预测[J]. 电测与仪表, 2017(23): 41-46.

[8] 徐源, 程潜善, 李阳, 等. 基于大数据聚类的电力系统中长期负荷预测[J]. 电力系统及其自动化学报, 2017(8): 43-48.

[9] 马小慧, 阳育德, 龚利武. 基于 Kohonen 聚类和 SVM 组合算法的电网日最大负荷预测[J]. 电网与清洁能源, 2014(2): 7-11.

[10] 孟香惠, 施保昌, 胡新生. 线性规划单纯形法的动态灵敏度分析及其应用[J]. 应用数学, 2018, 31(3): 697-703.

[11] 康重庆, 夏清, 刘梅. 电力系统负荷预测[M]. 北京: 中国电力出版社, 2007.

[12] 陈明刚. 四元数矩阵的奇异值分解及其应用[D]. 西安: 西安建筑科技大学, 2009.

[13] 孙谦, 姚建刚, 金敏, 等. 基于特性矩阵分层分析的短期母线负荷预测坏数据处理策略[J]. 电工技术学报, 2013, 28(7): 226-233.

[14] Candès E J, Li X, Ma Y, et al. Robust principal component analysis?[J]. Journal of the ACM, 2011, 58(3): 1-37.

[15] 史加荣, 郑秀云, 魏宗田, 等. 低秩矩阵恢复算法综述[J]. 计算机应用研究, 2013, 30(6): 1601-1605.

[16] 陈峰峰. 奇异值阈值算法在 Netflix 问题中的应用研究[D]. 北京: 清华大学, 2011.

[17] Tan H, Cheng B, Feng J, et al. Low-n-rank tensor recovery based on multi-linear augmented lagrange multiplier method[J]. Neurocomputing, 2013, 119(1): 144-152.

[18] Cai J F, Candès E J, Shen Z. A singular value thresholding algorithm for matrix completion[J]. SIAM Journal on Optimization, 2010, 20(4): 1956-1982.

[19] 刘亮亮. 基于稀疏和低秩矩阵恢复的目标检测算法研究[D]. 长沙: 湖南大学, 2013.

[20] 张琨, 王翠荣, 万聪. 一种基于切比雪夫不等式的自适应阈值背景建模算法[J]. 计算机科学, 2013, 40(4): 287-291, 297.

[21] 董志玮. 人工神经网络优化算法研究与应用[D]. 北京: 中国地质大学, 2013.